培訓叢書㉘

企業如何培訓內部講師

李立群　編著

憲業企管顧問有限公司　　發行

《企業如何培訓內部講師》

序　言

　　為提高競爭力，全球各公司在努力將自己的企業改造成為「學習型組織」，以適應世界變化的趨勢，迎接新經濟帶來的機遇和挑戰。「活到老，學到老」煥發出它的魅力，「終生學習」已成為時代潮流。

　　每一名管理者要牢記：培訓下屬並非額外的工作，它是管理職責中必不可少的一部份；管理者的績效在很大程度上取決於其下屬的工作表現，管理者的工作就是要通過員工使管理當局的計劃變為成果。怎樣才可運用人去達成成果呢？這當然需要建立一隻富有戰鬥力的隊伍，這就要求給他們提供適當的訓練。因此，管理者成就之很大一部份取決於其培訓下屬這件事做得如何。

　　企業的講師的來源有兩種：外聘講師和內部講師。企業培養內部講師，就是培養「傳教士」，靠他們去統一員工的想法，引導公司的文化，傳授實用的技巧，完成企業的知識沉澱。培訓體系中最關鍵的是講師隊伍和課程，而課程是講師開發的，所以講師隊伍是培訓體系核心中的核心。但凡優秀的企業，都

把引入外部講師授課和培養內部講師隊伍結合在一起。靠外部講師提供新鮮資訊、優秀經驗和模型，靠內部講師完成知識沉澱，解決企業的實際問題，兩者缺一不可。

　　值得一提的是，本書編寫主旨不同於坊間一般書籍，本書是專門介紹如何提升公司內部主管為內部講師，書中有一系列的具體操作方法，企業可以立即參考引用，迅速提升企業培訓績效。

　　本書總結一些著名跨國公司在培訓方面的做法和經驗，包括內部講師的資格認定，內部講師的推薦、遴選，如何試講、評選，企業如何激勵內部講師，講師如何晉級，內部講師如何做好培訓工作，……等。同時也引進新的培訓思路及方法。這是一本「KNOW-HOW」的書，也是一本實戰性和操作性很強的書，對企業培訓者、管理者，都是一本實用的工具書。

　　本書的另一大特色是提供一些經實踐檢驗行之有效的培訓做法，這不僅用實例顯示了培訓方法的實際運用，企業可直接引入，祝您成功！

2014 年 1 月

《企業如何培訓內部講師》

目 錄

1

內部講師的心態

內部講師隊伍的建設,是整個培訓體系的核心要素之一,課程可以買進來,軟體可以買進來,而講師一定要自己培養的才好用。

外面的職業講師不會有內部講師那麼有針對性的課程,培訓經理要給內部講師相關的訓練,給他們一些工具,讓他們從簡單的課程講起,逐漸上手。培訓體系就是課程加上講師,有成熟的課程,有教學經驗豐富的講師,培訓體系就搭建起來了。

一個優秀的企業,只要是管理者,人人都可以上課,雖然水準不一定像職業講師那麼高,但可以做到站在台上侃侃而談。

一個優秀的管理者不光要能幹,還要能想,要有很多創新的想法,能總結經驗,更要能講和能寫。

◎內部講師的六項素質

講師需要有相關課程的實戰經驗,要有良好的理論基礎,有良好的個人形象,有很好的口才,有以別人為中心的思想模式。

1. 服務的心態

企業內部講師可能大多不是員工的上司,所以不能太強勢,要

有服務大家的心態，把學員當作客戶一樣來服務，這樣才有更好的培訓效果。這就要求講師轉換身份，面對下屬時是總經理，而面對學員時是講師。面對下屬時，你有權強勢，面對學員時，強勢會影響學員學習。講師要樹立以學員為中心的服務理念，培訓就是以學員為中心的服務過程。

學員首先要接受講師這個人，才可能接受講師的課程。就像在生活中，和藹可親的朋友你才願意和他交往，願意在他面前敞開胸懷，願意接受他的建議。

2. 豐富的工作經驗

企業內部講師要有相關課程的工作經驗，要在企業裏擔任過相關的職位，從事過相關的工作，這樣才好給學員講課，才能和學員產生共鳴。

企業一定要對講師嚴格要求，要求講師總結以前的工作經驗，要讓他有自己的想法，形成他自己的獨特理念，這樣他面對學員才有底氣，同時也為公司總結了經驗。經過講師的總結和整理，很多東西都可以通過培訓部門在公司沉澱下來，成為公司知識的一部份。最好的總結辦法就是讓新講師寫文章。可以規定，新講師每週寫一篇文章，老講師每月寫一篇文章，講師才能有收穫，企業才能得到文字沉澱。在內部培訓師的人員構成上，培訓師來源應當儘量多元化，專家與一線、技術與管理，以及各部門、各層級都不可偏廢，最終形成「後備培訓師＋正式培訓師＋專家或高管顧問」的內部培訓團。一個好的培訓體系一定有一個非常好的講師隊伍，內部講師要佔 70%以上，外部講師約佔 30%，可以是一些很好的專家教授帶來很好的理念，再轉化成內部理念進行二次開發。

3. 超強的學習能力

作為講師，學習能力一定要很強，最起碼要比學員的學習能力強，最少要一週看一本書。市面上流行的管理類書籍都要看過，把經典的理論弄通，這樣才可以教給學員很多東西，否則總講自己以前講過的，也沒有多大意思。德魯克就是每兩三年研究一個重要主題，典型的活到老、學到老。

4. 儀表不凡

講師還要形象好，讓學員看著順眼，不能長得對不起觀眾。這個就很好理解了，人容易以貌取人。形象好的講師，學員看著喜歡，容易受到學員的歡迎，課程內容也容易被學員接受，要有很強的親和力。

5. 嗓音好

作為講師還要聲音好，學員聽著感覺好。課程內容要通過講師的聲音來傳達，如果聲音不好，比較尖細，學員會不舒服，接受效果就會受到影響。講師的普通話要非常標準，學員也會喜歡，還可以增強講師的說服力。如果新來的講師覺得自己的聲音不夠好，可以在看中央電視台新聞聯播時，電視上說一句，你跟著說一句，體會兩者之間的不同，一個月下來，聲音悅耳度一定會提高。

6. 身體好

作為講師還要身體好，要經常鍛鍊身體。企業在挑選內部講師時，最好挑選身體好的優秀分子來培養。

講師應具備服務、經驗、學習、形象、聲音、身體六大要素，如果考量內部講師時要求他全部具備這六項素質，那企業就不用找內部講師了，這樣的人不存在，或者對企業來說太貴了。其中有相

關工作經驗、學習能力強和服務心態好，是企業內部講師必備的三個根本要素。

2

內部講師的職業素質

◎內部講師的角色

　　培訓師和培訓開發功能的作用已呈現多樣化的發展趨勢，培訓的每一個新的作用要求培養一套新的技能。培訓師的職責可以從不同的角度來解釋，作為企業專職培訓師，其所承擔的職責如下：

　　⑴協助企業文化的形成並促進企業文化的傳播。

　　⑵透析成人學習的特性和學習模式。

　　⑶調查企業員工的培訓需求。

　　⑷調查、研究、學習優秀企業的企業文化。

　　⑸調查、研究、學習與培訓相關的理論和技巧。

　　⑹支持、管理、協調企業內部實施的培訓。

　　作為自由培訓師，其充當的角色又不一樣，主要為以下幾個方面：

　　(1) 教練：為個人設計項目、幫助學員在個人志向、工作、生

活中取得顯著的進步。

(2)**導師**：通常只提供知識指導，其知識層次高、經驗豐富。

(3)**諮詢師**：培訓師在學員的眼中是有愛心、同情心、願意聆聽，知識面廣、經驗豐富的人，是和他們分享並討論問題的頭號人選。一般可分為商務諮詢和個人諮詢(包括生活、工作和心理諮詢)。

(4)**培訓引導者**：引導學員根據課題的相關內容，進行自發的探討和聯想，啟發學員的思路，使學員主動能進行思考和總結。

(5)**評估員**：評估學員的進步，主要是進行學員表現判斷，給予和接受回饋，評估總結報告，並制訂個人發展和動態評估計劃。

(6)**輔助者**：企事業單位利用輔助者舉辦會議和活動，輔助者控制活動的進程，維護協定的遵守，目標是使所有成員合作，尊重對方的意見，並鼓勵他們積極參與活動。

而無論是企業專職培訓師，還是自由培訓師，他們的共同職責是：

・制訂培訓計劃，確定培訓時間和培訓內容，並準備培訓講義。

・ 實施培訓，填寫培訓記錄表。

・評估：對培訓的評估、對學員的評估、對培訓師的自我評估。

・ 收集培訓的回饋信息。

・ 總結培訓，並進一步改進培訓流程。

◎內部講師的素質

培訓開發在企業中的功能和作用已呈現多樣化的發展趨勢，要保證培訓功能的充分發揮，培訓師需要具備多種素質。

1. 有教學願望

培訓師應該是有教學願望的人，願意傳授知識，視學員為真正的「學生」，而不是上完課後，就將他們忘到九霄雲外，僅僅「保證完成任務」，或是將「開拓市場」視為個人的首要任務。身為培訓師，首要明確自己的職責，能夠真正幫助學員進步，並且以此為樂。

2. 具備專業的培訓知識

培訓師不一定要在學員的專業領域取得過顯著的成就，或是在這一領域有多大的聲望，但需要對培訓方面的知識瞭若指掌，具有相當強的解釋和示範能力，並且知道如何利用培訓場地的設置和培訓方式達到最佳的培訓效果，對於學員提出的疑難問題有能力去解釋。

培訓師的專業知識並非完全來自於專業，較大比例的知識來自於從業後獲得的經驗的沉澱，與培訓師自身具備的學習的能力相關。

3. 表達能力強

語言是培訓師的第一工具，培訓師的表達能力三大要素為：明晰的語音、標準的普通話、合適的節奏。如果語音節奏過快，學員會初步形成兩個印象：一是培訓師經驗不足，過於緊張；二是培訓師眼前沒有學員，只是在進行一次例行公事的工作。至於標準的普通話那就是更重要的因素了。如果培訓師吐字不清或是地方方言濃重，學員們至少會想：「這樣的人怎麼會跑來做培訓師呢？」作為一名優秀的培訓師，小心因為表達能力欠佳，而導致整場培訓有不美好的收場。

4. 耐心與寬容

針對成人的培訓，更要謹慎對待。培訓師與學員之間的互動過程，會出現很多意想不到的情況，也許會有學員對某一個問題提出質疑並堅守他自己的觀點，也許會有學員壓根就不想接受任何形式的培訓，也許有學員在培訓場上放肆地打電話，更糟的是有部份學員沒有解釋任何原因就中途離場。這時候，培訓師要有耐心，不要表現出煩躁和不安，否則只會讓情況越變越糟。

我們要理解學員之間的差別：有些學員已經能夠理解培訓的內容，而另一部份學員卻始終不明白，有些學員的觀念能夠快速轉變，而另外一些學員卻固守觀念。學員是有不同特性的個體，有自己的思維方式和認識，不要帶著偏見對待那些不接受培訓或是對培訓抱有懷疑的學員，他們並沒有針對培訓師個人的意願，只是希望在質疑中能夠得到他們想要的答案。帶著偏見的培訓師要承受更大的風險，因為這類培訓師隨時隨地都會失去學員的信任，並且面臨更多的困難。

5. 良好的職業道德

培訓界有一句相當流行的名言——將培訓視做本職工作來做的培訓師，只有五成功力。五成的功力相當於學校老師的功力。「五成培訓」給學員的感受就如同重歸校園，重新領教了學校老師的淳淳教誨。

一個擁有良好的職業道德的培訓師，另外五成功力主要表現是充滿熱情。熱情的情緒極易感染人，如果培訓師在整場培訓中投入且熱情高漲，這種熱情就會傳遞給學員。

內部講師的技能

　　踏入培訓師這一行業的後繼工作是完善個人的能力，作為一名培訓者，必須在個人能力、心理素質、職業態度等方面對自己有嚴格的要求。一個培訓師需要具備以下能力：

1. 自我感知的能力

　　所謂「自我感知的能力」是指一定程度的自我認識和自我接受的能力。自我認識，是一個初步的能力，對自己的能力框架保持一個清晰的認識：那些能力為個人所擅長，那些能力為個人所欠缺。在對個人能力框架有一個清晰的認識之後，自我感知能力越強，也就意味著選擇的餘地和成長的幾率更高。感知能力的感知範圍主要是可以激勵個人的因素。

　　自我感知的能力與個人的敏銳度息息相關，與培訓市場有著不可分離的關係。任何敏銳度脫離了市場，只能是固步自封。

2. 超強的學習能力

　　學歷和資格證書僅僅只是敲門磚，踏入這個行業之後，如果沒有學習的強烈慾望，沒有自我改變的強烈意願，沒有謙虛好學的良好心態，沒有勤奮努力的工作態度，將很快被這一行業所淘汰。培訓行業中人材濟濟，競爭是激烈的，要想嶄露頭角，就要比競爭對

手學習得快，成長得快。「三人行，則必有我師」，要全方位地學習，細緻地請教，縝密地思考。即使今天有人對培訓不屑一顧甚至當面批評，仍然要感謝他，因為他的批評就是培訓做得不好不對的地方，聽的批評多了，從中總結的教訓也就多了。

有些培訓師總是認為同行們過於保守，不願意傳授我們經驗，這點是可以理解的。同行的知識都是透過長期的經驗累積起來的，要想學習他人的經驗，勢必要付出代價。在學習同行的經驗時，不能簡單地進行複製，在別人的基礎之上創造出自己獨有的內容，這才是真正的學習和成長。學習不僅僅限於培訓業內人士，擴張知識層面，改善個人劣勢，身邊的每一位朋友都可以幫助我們。作為培訓行業的旁觀者，他們往往更清楚市場的需求何在。

3. 激勵他人的能力

企業培訓師激發學員高明的手段在於掌握內在的動力而不是採用外在的壓力，培訓師不能讓學員做不能做或不願意做的事情，只能採用激勵的方法促使學員主動完成。這就要求培訓師能夠意識到學員的發展需要，並激勵他們認同自己的情感和價值觀，為獲得和實現他們的最高目標而努力。

培訓師的信念是使學員挖掘自己的潛能，使學員克服任何妨礙達成其目標的障礙和限制。不是每個人生來都有激勵他人的能力。

成功的企業培訓師能夠激勵和鼓勵那些猶豫不決和失敗的人必須承擔風險。失敗是一種回饋，是成長的機會，不願意冒失敗危險的培訓師將會停滯不前。

4. 創新能力

創新是社會科學中一個常用的術語，可以從不同的角度對創新

做出了各種界定。創新就是發明和創造出與現存事物不同的新東西；創新就是產生、接受並實現新的理想、新的產品和新的服務；創新即是對事物進行創造性的改進。

剛進入培訓行業，很多培訓師都不知道該用那一種培訓風格面對學員，這時候，很多人採用了最簡單的方法，那就是複製和模枋那些優秀的培訓師的培訓方式和培訓風格，甚至連宣傳頁的用詞和語氣也模仿過來，這個方法成為諸多培訓師的瓶頸。雖然複製和模仿是學習的第一步，但是停留在別人的腳印裏滯留不前，就等於在別人的陰影下生存，當別人越精、越專的時候，自己則被慢慢淡化。

同是講同一課程，要從中脫穎而出，最重要的武器就是創新！誰能給學員更新的感覺時，學員會選擇誰！培訓師需要像藝術家一樣不斷追求完美，也需要有勇氣不斷嘗試，不斷挑戰自己。當我們還在別人的經驗裏打轉，找不出突圍的路時，靈光一閃，無非是少了一點兒創新能力而已。

5. 建立關係的能力

企業培訓師看起來應當是友好的、可接近的、值得信任的。他們把培訓看做最重要的事。培訓師必須是樂於助人、有智慧的、並且能充分地表達自己的想法。他們必須全神貫注於他們的任務，並不計較得失。培訓的成功很大程度上取決於企業培訓師和學員之間的關係，因此培訓師必須具有與學員建立友好關係的能力。

為了與學員達成友好的關係，建立起良好的師生友誼，培訓師必須多與學員交流，聽取他們的意見及希望，達成了亦師亦友的關係，培訓會顯得更加實用、有益。

6.培訓的專業能力

做任何一件工作都要追求專業,在這裏要介紹的是培訓的專業性體現於那些細節。

專業能力體現在如何對待和處理培訓的「5W1H」上,5W1H 即 Why、Who、What、When、Where、How。

A.為什麼要做這一場培訓(Why);

B.誰要來參加這場培訓,他們是一些什麼人(Who);

C.這場培訓的主題是什麼,主要有那些內容,培訓的目的是什麼(What);

D.這場培訓什麼時間開始,什麼時間結束(When);

E.培訓的地點在那裏(Where);

F.培訓以什麼樣的方式來進行,以什麼樣的方式來展開(How)。

7.溝通能力

培訓師應該擁有廣泛的人際交往和溝通的技能,並對他人的擔憂表示出敏感和耐心。培訓師要能夠表現出對學員的世界觀、價值觀、恐懼和夢想的贊同和理解。培訓師要能夠聆聽,提出能激發熱情的適當的問題,經常做出清晰的、直接的回饋。最重要的是必須願意進行坦誠的交流,能夠清楚地識別出不受歡迎的行為,而不要過於顧及學員的反抗情緒。

太陽和風在爭論誰更強大而有威力。

風說:「我來證明我更行,看到那兒有個穿大衣的老頭嗎?我打賭我能比你更快使他脫掉大衣。」

於是,太陽躲到雲層後面,風就開始吹起來,愈吹愈大,像一

場颶風。但是風吹得愈急，老人愈把大衣緊裹在身上。

終於，風平息下來，放棄了。然後太陽從雲後露面，開始以她溫和的微笑照著老人。不久，老人開始擦汗，繼而，脫掉了大衣。

於是，太陽對風說：「溫和與友善總是要比憤怒和暴力更強而有力。」

在與學員的溝通中，你是風還是太陽？你是採用一種動之以情曉之以理的方式還是使用強硬的方式進行？

有很多專家認為，個人成功的眾多因素中溝通能力佔了 75%。有時候，培訓師在台上侃侃而談並不能取得最好的培訓效果。培訓師與學員之間如果沒有較好的溝通，整場培訓就將變成「水桶與水杯」的輸送儀式，轉化為講與聽的較量。

溝通能力可以分化為多項能力，表達能力、演講能力、說明力、親和力等。溝通能力的作用在於有效傳遞你的信息，與學員交流思想並傳遞彼此間的尊重和友好的感情。

8. 恪守職業道德的能力

培訓是一件幫助他人提升能力的事情，外界對培訓者的職業道德要求也比對一般的從業人士要高很多。

恪守職業道德的培訓師們都是經過了艱辛的人格修煉，做好培訓不容易，可是做好一個培訓師更難。人格魅力的修煉過程是漫長的，而恪守職業道德的過程也是艱辛的，培訓師必須時時刻刻明確自己的工作職責，時時刻刻注意自己的言行舉止，時時刻刻培養自己的優良品德。可以說提高恪守職業道德的能力是對心靈的修煉，甚至是心靈的重塑。

培訓師應該恪守的 7 大基本職業道德：

⑴不告訴別人自己都不相信的東西。

⑵不要互相攻擊，說長道短。

⑶不誤人子弟，永遠對自己的言行負責。

⑷不濫用客戶信任。

⑸不挖客戶的牆角。

⑹不迎合負面需求。

⑺不把生意與學員滿意度混為一談。

9. 沉澱積累與整理的能力

這一項能力是與學習能力息息相關的。但是我們在這裏強調的是如何將學習到的信息整理、選擇、沉澱的能力。

在學習中我們學到的東西紛繁複雜，例如從其他培訓師那裏得來的經驗。有不少培訓師豐富的經歷和深厚的專業背景能讓人信服，但其中有不少帶有主觀意識的色彩。所以我們必須從中選擇自己所需的客觀信息，去其糟粕，取其精華。

整理的能力，是指將所學到的信息按類別即培訓主題（人力資源、銷售團隊、潛能開發、團隊訓練等）來分類，也可按照其他的標準來分類。分類之後的第二步就是選擇，選擇的標準主要看個人的意願，同時遵循客觀的原則。沉澱即是積累，轉化和消化了，只有如此厚積才能薄發。

10. 前瞻與變通的能力

培訓的日程安排是培訓師與學員一起，確定優先考慮的事情和目標，並制訂行動計劃以實現行為的改變。然而，日程安排並不是固定不變的，而出色的企業培訓師能夠根據不同情況調整日程。

培訓意味著行動。自我剖析、洞察力和自我意識總是在行動中

發生。例如我們如何達到某個目標或改變某種行為？學員如何對待
新觀點？培訓師不能只是停滯在培訓開始時的狀態，或是陷入對情
感、目標的關注和對失敗的害怕中。如果學員未能達成預期目標，
好的培訓師能夠讓他們在保持活力的同時去尋找導致他們受阻和
無效率的原因。

　　培訓師相信任何人都有足夠的智慧、創造力和動力以取得成
功，但是他們需要幫助來達到目的。

11. 控制的能力

　　改變有時是痛苦的。不管最終的結果和益處如何，學員經常抵
制改變，害怕他們在這一過程中會失去一些東西。培訓是與發展、
成長和變化相關的，培訓師顯示出的獻身精神和毅力，以及關注於
目標和行動計劃的控制力，將最終帶來其所期望的持久行為的變
化。

　　培訓過程中不斷控制自己的情緒、行為是一件不易的事情，面
對學員的抵觸，培訓師也會懊惱，就如同前面所述「風和太陽」的
故事一樣狂勁的暴風雨，只能讓人更加抵觸，孤立自己。只能改變
自己的態度來實現培訓的預期目標。

12. 把握職業界限的能力

　　培訓不是對所有人都是有效的靈丹妙藥，不是所有人都適合被
訓練。選擇培訓對象和建立培訓師和學員之間的「良好配合關係」
十分重要。一些人也許不適合學習和改變，所以培訓對他們也許不
是最有效的方式。培訓不可能對所有的人都是好東西，沒有任何一
個培訓師無所不知或可以幫助所有人。這就要求培訓師有把握職業
界限的能力。

13.診斷和解決問題的能力

培訓師應該收集被培訓者的有關資料，以便決定他們的特定需求。雖然評估和會談的技巧可以透過學習獲得，但一個成功的培訓師會擁有一些特定的素質，這些素質使他們能夠更有創造性地利用這些信息。

診斷被培訓者的問題所在，提出令人振奮的解決辦法；真正瞭解學員所詢問的問題；意識到什麼是「錯誤」以及應該做什麼；將理論運用於實際環境的能力；創造性的提供新的觀點和新的視角；採用獨特的和新奇的方法解決問題。

14.組織能力

作為一個培訓師，要做大量繁瑣而細緻的前期工作，包括對課程內容、形式、流程的編排和設計，對上課時間、地點、用具的考慮，以及各個受訓單位或學員的特殊要求。能否對這些進行有序的計劃和安排，是保證課程能否順利進行和完成的前提條件。同時，培訓師還要考慮到出現意外情況的可能，預留一些時間和資源。做好了計劃，再按照計劃嚴格地組織和安排培訓活動以使培訓能順利開展。

15.觀察力

觀察力簡單來說就是指培訓師在培訓課堂上「察言觀色」：學員的眼神有沒有遊離，動作是否長時間保持不變，對培訓師的提問有沒有反應，學員在聽了某一個知識點之後，是迷惑不解的神態，還是做恍然大悟狀，或是若有所思，還是頻頻點頭……這些無意識的反應可以看出學員對培訓內容的理解和掌握的程度；課程進行中，學員表露出焦急的神態可能是有其他事務需要處理，學員緊盯

著培訓師欲言又止大概是想發表自己的見解，學員始終保持著抗拒的身體姿態或許是對課程有意見……

總之，學員有意無意表現出來的語言或非語言的信號是培訓師應該時刻注意的，並隨時調整自己的授課進度或方法以配合學員的心理狀態。因為培訓課是以學員為中心的，培訓的目的是學員可以理解知識，掌握技能。所以說時刻把握住學員的狀態和需求是培訓師的基本功。

16.機智應變能力

在培訓中，人員、任務或環境發生變化是常有的事情。而且有時這種變化會很大而且很突然。但無論發生什麼，都要排除困難以保持培訓效果。例如，投影儀突然失靈、電腦軟體發生故障，這幾乎是培訓師的「滅頂之災」。這時就要不露痕跡地拖延時間，並取得學員的諒解，等待機械師的迅速修復；或者有學生故意做出和培訓意圖相反的回答時，我們還可以幽默地來上一句：「這倒是一個有創意的想法，大家為他鼓掌好不好？」

心得欄 ----------------------------------

內部講師的工作職責

內部講師的工作職責是在培訓部門管理者的領導下，負責培訓課程的開發和講授，向其他員工傳授知識和技能，通過組織內部知識的共用和傳播提高組織員工的整體素質水準，其具體職責：

1. 在保證完成本職工作前提下，完成所負責課程的授課任務；

2. 負責課程的開發、培訓的實施、對學員的考核評估，並定期進行總結；

3. 有義務向培訓部門提供培訓課程改善的建議；

4. 在培訓部門的組織下，編寫或改善所講授課程的教案；

5. 協助培訓部門修改課件，並把修改內容提交給培訓部門；

6. 因工作或其他原因不能按時授課時，應提前通知組織的培訓部門；

7. 積極參加組織內部的培訓、協助組織及本部門員工培訓工作的開展；

8. 在培訓實施過程中應保證培訓設備完好；

9. 每年必須完成 1～2 個新課題的開發，否則將取消其內部講師資格；

10. 內部講師皆有權利參加年「優秀講師」的評選活動。

5

內部講師是最好的講師

　　企業培養內部講師，就是培養「傳教士」，靠他們去統一員工的思想，引導公司的文化，傳授實用的技巧，完成企業的知識沉澱。

　　培訓體系中，最關鍵的是講師隊伍和課程。而課程是講師開發的，所以講師隊伍是培訓體系核心中的核心。但凡優秀的企業，都把引入外部講師授課和培養內部講師隊伍結合在一起。靠外部講師提供新鮮資訊、優秀經驗和模型，靠內部講師完成知識沉澱，解決企業的實際問題，兩者缺一不可。

　　很多公司不知道是因為有錢的緣故，還是因為相信「外來的和尚會念經」，請了很多外部講師，甚至讓不同的外部講師把同樣的課程內容用不同的方式講數遍。他們認為請外部講師上課比內部講師上課的品質好，員工更容易接受，但靠外部講師能建立起培訓體系嗎？

　　外部講師的課程、外部諮詢公司的諮詢，無論怎樣優秀和完善，都很難讓企業完全滿意，因為他不瞭解這個行業，不瞭解這個企業，不瞭解這個老闆，不瞭解這個部門，更不可能瞭解這個員工，怎麼可能幫他解決問題呢？除非他在企業中做了長期的諮詢顧問，通過長時間的調研，對企業的「那個問題」很是瞭解，再來講

課或諮詢，才更符合企業的需要。

最瞭解企業問題的人就是企業的管理者，他們是最好的解決問題的人。

對培訓來說，最好的講師應該是管理者。內部管理者貢獻自己的經驗、自己的操作辦法，他的課程是最實用的，真的可以讓員工上午學了下午出門就用，直接解決學員的問題，這個方面是外部講師很難做到的。

很多大企業的培訓經理都想建立內部講師隊伍，但有多少企業的內部講師隊伍和業務隊伍重合呢？有多少企業的培訓經理能指揮業務部門的經理們去講課，甚至是發動老總去上課呢？大部份公司把內部的一些培訓愛好者、好為人師的人、所謂的骨幹，通過講師訓練、認證培養成內部講師，甚至花大價錢買來外部專業課程，手把手地教他們學會授課。有的公司還把講師分了級，如初級講師、中級講師、高級講師之類。總體來說，這些做法都是建立講師隊伍體系的必要措施，但只要這樣做就對了嗎？人選錯了，一切都錯了！

問題的關鍵是，講師隊伍體系看起來很美，但和公司的業務體系沒關係，最後弄成了培訓是培訓，業務是業務，兩層皮。業務部門可是公司的正規軍呀，是公司的政令系統、公司的骨幹網、公司的脊樑，是為績效負責的核心部門。現在很多企業的講師隊伍脫離了業務部門，沒有把業務部門的主管培養成內部講師，更沒有把培訓課程和業務的實踐相結合，而把內部講師弄成了公司的一個遊擊隊、一個民間社團，就像爬山協會、羽毛球協會、單身俱樂部一樣，是個講師俱樂部。

　　這個講師俱樂部會花公司很多錢，佔用參與者很多的工作時間。你們公司的講師是什麼定位？你已經讓那些牛人、那些正規軍、那些老總、那些部門經理來授課了嗎？沒有業務部門經理授課的培訓體系，和業務不相關的培訓體系，都是培訓經理在自娛自樂，絕對不能長久。

　　建立了這種體系的培訓經理，最怕的一句話是：「培訓的效果在那裏，在績效上體現了多少？」你總不能說學員學到了很多「很開心」吧？老闆開公司是希望帶來效益的，老總要的是組織學習，然後才是個人學習。而講師俱樂部中，因為講師不是管理者，不為最終的績效負責，課程內容就很難融合到業務中去，為績效帶來幫助，也很難變成組織學習。甚至有的學員參加了講師俱樂部組織的培訓，回到工作崗位上後，發現上司講的和講師講的不一樣，學員到底聽誰的？當然聽主管的。你看，培訓甚至影響了公司的正常管理，還會遭到業務部門的投訴，遊擊隊怎麼能鬥得過正規軍呢？

　　如果你有信心和證據告訴你的老闆，公司投入了 300 萬元，今年的業績提升 80%，可以給公司帶來 5000 萬元的經濟效益，如果做不到，我就辭職！那老闆為什麼不投資，為什麼不支持你？業務部門是為公司的績效負責的，培訓部門只是後台服務部門。業務主管每天都和員工一起，並安排員工工作，把培訓滲入到工作裏面，正式也好，不正式也好，這樣的培訓才能和業務相關，才是支持業務的，才是最好的培訓。

　　培訓經理在日常工作中要成為一個雜家，尤其要懂公司的核心業務。頻繁參加公司各部門的各種會議，暸解公司在學習上和業務上遇到的問題。進而作為一個服務者和顧問，協助部門經理解決問

題。簡單地來說，讓業務部門知道培訓部門的存在，知道培訓部門可以為業務部門做什麼；同時也要求業務部門的經理們承擔起內部講師的責任，把培訓融合到業務中去。

培訓經理們，停止自娛自樂吧，如果你和業務是兩張皮，你整天在正規軍眼皮子底下打遊擊，你不累嗎？你會睡不著覺的！你整天浪費公司的錢，你的良心也大大地壞了！

6

讓管理者當講師

管理者當講師是光榮的，也是很有效的手段。任何一位管理者都應該成為講師，因為建構思想不僅僅可以用在課堂上，甚至可以用在各個方面。跟上級溝通、跨部門溝通、跟下級溝通、內部研討會議、跟客戶交流等工作環節都可以用建構思想進行建構。

下面這張圖的內在邏輯延伸了管理者當教練的環節。為什麼管理者做講師會給學員更深的印象、更多的收穫呢？大致有如下原因。

德魯克說過，管理是實踐，而有豐富實踐經驗的管理者，對於管理有更多的深刻體悟，經過他們對內對外的培訓，有生動真實的案例，有切實體驗！這些管理者通過做講師成為教練級管理者，使

他們自身負責的管理工作成績卓越。

圖 6-1　管理者當講師的路徑圖

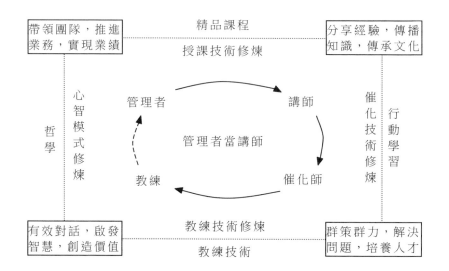

教是學的最好方式。多年的管理，形成的體驗，在授課準備、實施、總結中，能夠體系化、條理化，有利於管理者的知識管理與傳播。

管理者做講師的案例，有一個共性，有激情與熱情的講師能夠感染學生，一個有激情與熱情的管理者一定會影響員工。這些管理者是終身學習的示範，並推動所在的企業成為學習型企業，將學習變成企業的核心競爭力。

未來的企業，需要的是這樣的務實有效，上接戰略、下接績效的培訓，培訓是將戰略落地的重要工作行為。培訓與培養不應是簡單的培訓公司交付的專案，而是要成為企業系統思考、全面規劃後建立的核心能力。

　　企業培養各級管理者當講師，是一個極具有戰略意義的舉措，如果把管理者培養成優秀講師，每名管理者都能在能力建設上發揮帶動一片的作用。能力提升要靠激發，要點燃更多有影響力、有熱情、有思想、願意傳承的管理者當講師，要讓更多人自覺自願地投身到組織能力建設中去，企業才能夠真正成為學習型企業。

　　班杜拉的學習理論認為，學習是自然發生的。如果作為團隊的領導者，能自然而然地站出來做催化師，做建構的主持人，便能達到所宣導的把管理者戰略意圖轉化成員工意願的目的。

　　管理者當講師還有一個潛在好處，就是能夠抓住工作中隨時出現的教育機會，對員工進行指導和培養，即所謂的在工作中培養員工能力。

心得欄

- -

- -

- -

- -

- -

7

企業培養內部講師的禁忌

越來越多的企業都在培訓上加大投資力度，而培訓成本成為培訓專業人士和管理人員首當考慮的問題。

培養和開發企業內部的培訓師，是很多大企業目前使用的一個培訓策略，既能大大節約培訓成本，又能夠拓展員工的職業生涯，豐富員工工作內容。同時企業內部的培訓師又有著外部培訓師不可比擬的優勢：比外部培訓師更瞭解企業的現狀、問題與培訓需求。與員工有著良好的群眾關係，在培訓中更容易調節氣氛，能夠反覆講授課程等。

但是，素質不好的培訓師會帶來很多負面效應，如傷害員工的培訓積極性、浪費企業的人力和物力及培訓達不到原有的期望等。因此，培訓師的培養和開發在使用內部培訓師策略的企業裏尤其關鍵。

內部培訓師隊伍的建設已然成為現代企業打造核心競爭力的一道亮麗風景線。企業內部培訓師是培訓體系中最重要的組成部份，是企業內部培訓的基石和可再生力量，在企業發展中起著非常重要的作用。

禁忌 1　企業忽視內部的培訓師資源

不管用的是內部還是外部的培訓資源，培訓的主要目的，是為了提升員工的能力。

當前，專業培訓公司提供的外部培訓的內容廣泛，企業也較多採用這種培訓方式，然而真正從培訓中獲取實際利益、提高了經營業績的企業卻不是很多。這些外部培訓常常是大家上課時效果不錯，上完了受訓人員對培訓課程評價也挺高，但工作表現並沒有多少改善，企業的業績依舊沒有提高。

其實，企業有意無意地忽視了內部培訓資源力量的發揮。當確定了培訓需求後，或者當培訓計劃完成後，就開始著眼於搜尋、篩選和考察專業培訓公司，而很少甚至沒有意識到本企業內部存在著豐富的培訓資源。

總經理：「最近公司員工工作狀態不好，生產部產量、銷售部業績都在下滑，實在讓人頭疼。半年前咱們不是剛對這兩個部門的員工進行了系統的培訓嗎？大家上課時說效果不錯，怎麼在業績上一點也體現不出來呢？」

助理：「這樣吧，總經理，我提一個建議，現在已經有公司在用公司內部培訓師做培訓了，而且效果還不錯。咱們也開發一下咱們公司內部的資源。據我所知，生產部就有幾名業務知識和技能都不錯的老員工，銷售部也有不少業績顯赫的人才。」

總經理：「我還是覺得專業培訓公司做得更好，你還是儘快再找一家專業培訓公司，不要再用上一家了。」

在上述實例中，專業培訓公司提供的培訓並沒有達到該公司的目的，但該公司總經理還一味依靠外部的培訓資源，根本不考慮自己內部的資源。其實，對於企業而言，適合自己的才是最好的，如果公司內部培訓師具有豐富的知識、經驗及良好的培訓技能，那就可以用來為自己企業的員工做培訓。

雖然大部份企業選擇專業培訓公司來滿足自己迫切的培訓需要，但是也有企業逐漸走上了培訓自主化的道路。這是因為企業培訓主要是為了滿足企業自身發展的需要，加上某些特殊方面的需要只能由企業自己組織培訓來滿足，而且越來越多的企業已經具備了培訓員工的硬體條件，如良好的培訓場地、先進的器材設備等。

1.企業內部培訓師對企業各方面比較瞭解，可以根據本企業情況安排培訓內容

外部培訓師和內部培訓師相比來說，前者的培訓技能要略高一籌，但是在業務知識和技能（包括培訓的內容方面），其針對性、適用性則不如後者。雖然有的外部培訓師在類似或相同的企業、崗位有過工作經歷，但是不同企業之間的管理體制、企業文化等方面迥然相異。而內部培訓師所做的培訓內容都具有個性化，是完全針對企業的管理體制、企業文化和培訓需要等而量身定做的。

2.內部培訓師與受訓人員相互熟識，可以更方便、更有效果地實施培訓

內部培訓師是企業內的老師，是一群對企業文化最認同和最擁護的群體，他們將企業精神融入自己開發的課程中，並在講課過程中盡情地展示，讓所有聽其講課的受訓人員都能被其對企業的忠誠、奉獻所感染，讓所有聽其講課的受訓人員都能體會到其開發和

講授課程所做出的拼搏、創新精神。此外,內部培訓師除了將自己擁有的知識和技能透過專業的技巧轉化為標準化的課程傳授給企業需要的員工,還可以透過日常工作中的現場指導和輔導,為企業員工解答各類疑難問題,以達到更好的培訓效果。

3.培訓相對易於控制

由於內部培訓師是企業的員工,因此培訓項目、培訓目標、受訓人員、培訓負責人、培訓內容、培訓進度、培訓費用預算等內容都可以在企業控制之中。

禁忌2　對企業內部培訓師的管理不健全

內部培訓師是企業人力資源培訓的重要資源之一,對內部培訓師的開發與培訓具有十分重要的意義和作用。但是由於許多企業對這方面培訓的相關知識知之不多,導致企業內部的培訓部門發揮的效果不佳。其實內部培訓師的培訓效果好壞,與企業對內部培訓師的培養及管理流程有很大關係。

某公司主要從事某種設備的大批量生產,由於生產規模擴大及生產技術不斷更新,經常需要招聘一些員工,並且還要不定期地對新、老員工進行培訓,公司覺得每次實行培訓外包花費特別大且培訓品質很難控制。於是,人力資源部讓各部門主管推薦本部門技術精湛的老員工,組成一個培訓師團隊。在培訓初期,公司內部培訓師的授課受到了很多人的歡迎。但是時間一長,各種問題就逐漸暴露出來了:有的老員工並不適合做培訓師;有的培訓師的培訓工作經常和他的本職工作衝突;有

的培訓師漸漸沒有了培訓熱情……

問題在於其內部培訓師培訓流程的不健全，企業要想充分利用好企業內部的培訓資源從而達到較好的培訓效果，就必須著力建立一隻規範化的內部培訓師隊伍，有一個完善的培訓師培養及管理流程。

企業內部培訓師培養流程，主要分下列步驟。

(1)公佈應聘資格條件

資格條件包括員工目前從事工作的業務知識和技能。

(2)對候選人進行篩選

在前期動員工作的基礎上，人力資源部或培訓的組織人員就要著手實施選拔工作。這是建立內部培訓師隊伍關鍵的一環，對於那些符合資格條件的人員，尤其是管理人員、業務精湛的員工，應納入候選人的行列而予以重視。對候選人的篩選可採用試講、面談的方式進行，考查其培訓的基本功潛力，如組織能力、表達能力、邏輯能力等，以及其他素質和能力。初步確定培訓師隊伍組成人員，最後上報高層管理人員。

(3)對培訓師的培訓技能進行培訓並確認資格

對培訓師進行集訓，是建立內部培訓師隊伍的最重要的環節，關係著初步建立的培訓師隊伍能否有效地發揮作用，關係著整個人力資源開發和確保企業內部培訓的效果。由於這些組成人員以前很少或沒有接觸過企業培訓，培訓的專業技巧方面掌握得很少；即使具備一些，也需要加以規範和強化。因此，對於他們培訓的重點就是關於培訓活動的策劃、組織與技巧方面，培訓後進行測試，測試後再進行正式的資格確認。

(4)內部培訓師的管理

即主要幫助培訓師處理好本職工作和培訓工作之間的關係。首先，對於本職工作，由其所在的部門進行管理，人力資源部不要干涉，而且要負責與其所在部門及其管理人員溝通協調妥當，保證其本職工作順利圓滿地完成；其次，對所兼任的培訓工作，人力資源部要及時、經常地給予他們適當的指導和監督。

在課程開發、教材編寫、培訓活動的策劃上，要儘量保證培訓師基於本部門實際情況的相對獨立的操作，同時要把各個部門培訓師的培訓開發課程納入整個培訓計劃中，予以統籌安排。

要激發培訓師對於培訓工作的積極性和主動性，除了頒發聘書或榮譽證書以授予資格外，重點還有物質上的激勵以認可、鼓勵其所做的培訓工作，如提高薪酬、增加福利等。

無論是對於培訓現場的考核還是對於培訓後的跟蹤考核，人力資源部都要介入，以保證企業內部培訓的品質，促進培訓工作水準的不斷提高。

禁忌 3　企業缺乏對內部培訓師的激勵監督

企業內部培訓師的積極性和主動性會直接影響企業培訓工作的實際效果。因為這些內部培訓師的本職工作是主要的，培訓工作都是兼職的，而培訓工作無論在體力還是精力上都有較高要求，如果沒有有效的激勵機制，必然會有許多培訓師退出培訓團隊。同時，沒有適當的監督機制，企業也很難保證培訓的效果。

某公司一年前組建了自己的培訓師團隊。一年下來，公司

體會到了內部培訓成本不高、對症下藥、時效性強等優點，正在總經理為自己的決策沾沾自喜時，人力資源部經理敲開了總經理的門⋯⋯

人力資源部經理：「總經理，這批新員工的培訓出現了些問題，恐怕要找專門的培訓機構來培訓了，咱們公司內部 1/3 的培訓師說不能參加培訓了，剩下的 2/3 中也有幾名表明不願意繼續做培訓師了。」

總經理：「為什麼會出現這種情況，前幾次培訓不是進行得很好嗎？」

人力資源部經理：「大部份培訓師說本職工作多、精力不夠。」「我私下打聽了一下，真正的原因是培訓師覺得授課費太少了。」

上述實例中，該公司認為組建了自己的培訓師團隊，就可以坐享培訓的成果了。但是這就好像種了一棵小樹苗，如果不澆水、施肥、修剪，它是不能長成參天大樹的。

企業內部培訓師能否真正發揮作用，不僅取決於科學的篩選及培訓技能的培養，還取決於是否有合理的激勵與監督方法。目前企業常用的激勵方法主要有以下幾種。

1. 發給授課及資料費

為了激發內部培訓師的積極性，企業要給培訓師一定的授課費，如根據培訓師的不同認證等級或培訓師佔用了多少個人休息時間來決定授課費的多少；同時發給培訓師一定數額的資料費，以鼓勵培訓師充分備課，並且做好課程的開發工作。

2. 頒發培訓資格證書，並設定培訓證書的級別

從專業知識、技能、表達能力等多方面對培訓師進行考核和認證，可以一年考核一次，實行優勝劣汰的政策。根據培訓師的資歷、講課內容、受訓人員的回饋及培訓效果等，將培訓師劃分為不同的等級，如初級培訓師、中級培訓師、高級培訓師、資深培訓師等。各種等級資格不是終身不變的，每一年或二年複評一次。根據不同的等級給以不同的獎勵與回報，這樣可以使培訓師有一個清晰的發展目標與成長路徑，從而起到激勵培訓師的目的。

3. 舉辦培訓師研討會

定期或不定期地舉辦培訓師研討會，既為培訓師之間的信息交流提供了平台，同時也是培訓師互補餘缺、提高自身能力的一個良好機會，並且最終也可以提升整個內部培訓師隊伍的專業化水準。

4. 提供培訓師技能訓練的相關培訓

不定期地對培訓師進行相關培訓，以提高培訓師的技能，取外部培訓師之長，補內部培訓師之短，讓內部培訓師逐漸提高自己的培訓技巧，提高在培訓方面的興趣；內部培訓師還可以參加其講授領域的外部培訓，結合企業的情況消化培訓內容，在企業更大範圍內講授自己學過的內容。

5. 將培訓效果作為晉升和提薪的依據

在同等條件下，優先提升那些提供培訓且培訓效果較好的培訓師，這種方式所起到的激勵作用是巨大的。

為了達到較好的培訓效果，企業還要制定一套監督機制，具體做法如下。

①制定內部培訓師的職責。一般內部培訓師負責所培訓課程的

教材選定、備課、授課、教學輔導、教學檢查、教學回饋和改進及對受訓人員進行測試,包括業務理論知識和實際操作技能。培訓師要把培訓計劃及進度及時向人力資源部報告。

②嚴格監督。人力資源部監督培訓師是否嚴格執行教學計劃,嚴格監督培訓的效果和品質,並根據培訓師培訓的效果和品質決定是否繼續讓其擔當培訓師。但是,需要明確的是內部培訓師和人力資源部並不是領導和被領導的關係,而是合作夥伴的關係。

禁忌 4　企業忽視對內部培訓師的考核

考核是用來確定某個活動的價值和意義的過程,它透過對現狀和目標之間差距的判斷,有效地促使被評價對象不斷地接近預定的目標,不斷提高工作品質。透過對培訓師的考核,能夠向受訓人員及其所在的公司等培訓主體提供有關是否達到其目標、培訓的成果是否能夠轉化到實際工作中等信息,同時也是企業決定是否繼續聘用培訓師的依據。

某公司是一家外資製造業公司,常需要不定期地對新、老員工進行培訓,培訓結束前的調查問卷是這家公司最常用的一種評估方法。

其做法是培訓結束後,向受訓人員發放不記名的調查問卷,瞭解他們的感受。問卷內容主要是受訓人員對培訓師授課的滿意度,如培訓師講得好不好?案例是否豐富生動?受訓人員是否反應激烈?培訓中掌聲(笑聲)多不多等問題。透過對問捲進行歸納、整理和分析,得出對培訓的評價結果。

該公司認為問卷調查易於實施，並且受訓人員的感受是判斷課程好壞的主要尺度。

實例中，公司顯然只顧受訓人員的感受，而忽視了對培訓師進行綜合的考核。一次好的培訓需要有效的跟蹤，對培訓師的考核可以穿插在培訓過程中，是培訓不可缺少的一部份。事實上很多研究表明：受訓人員滿意度的高低與培訓成果轉化之間的關聯度非常小。受訓人員感受好，並不意味著課程效果就好；受訓人員感受不好，也並不能說明培訓效果差。問卷調查的缺點是其數據是主觀的，並且是建立在受訓人員在測試時的意見和情感基礎之上的，受訓人員可能會因為培訓師某段富有總結性的發言或為了照顧情面，而給予過於情緒化的判斷。

對培訓師考核已經得到越來越多的企業認同，考核的內容一般有如下幾個方面。

1. 授課技巧

一名死板、沒有任何培訓技巧的培訓師是不會受到受訓人員歡迎的。培訓師要掌握一定的授課技巧，不僅要把握好「教什麼」，更重要的是要把握好「怎樣教」。培訓師必須從成年人的學習特點出發，科學設計培訓活動，充分激發受訓人員「我要學」的積極性。

2. 教學工具的使用

主要考核培訓師在靈活運用各種教學方法和教學手段的同時，是否能運用現代化的教學工具來生動展現培訓內容，而不是僅用黑板和粉筆。

3. 培訓方式的多樣化

豐富多彩的培訓方式是提高培訓效率的有效途徑。考核培訓師

是否運用除講授法以外的多種培訓方式，如集中某一專題的專題講座法、提供多向式信息交流的研討法及有利於新員工儘快融入團隊的個別指導法等。

4. 教學效果的評估

對教學效果的評估可以採用以下幾種方法。

(1) 對受訓人員進行測試。

可以透過書面測試受訓人員對理論知識的掌握程度，書面測試操作和執行簡單，透過客觀測試得到的資料比較規範，易於定量統計分析；可以使用案例分析測試受訓人員解決問題的能力，提供關於某難題的詳盡描述，受訓人員必須對案例進行詳盡分析並給出最佳行動方案；透過角色扮演觀察受訓人員的行為，提供給受訓人員某種情境，要求一些受訓人員承擔各種角色並出場表演。

(2) 測定投資報酬率。

首先要瞭解培訓的總成本，然後確定培訓的收益。為了便於將由培訓引起的成果從其他可能影響數據的因素中區分開來，企業必須回顧一下進行培訓的初始原因。例如，實施培訓可能是為了降低生產成本或額外成本，或者增加回頭客的業務量。最後比較培訓前後的變化。

公司內部講師選聘流程

◎內部講師選拔流程

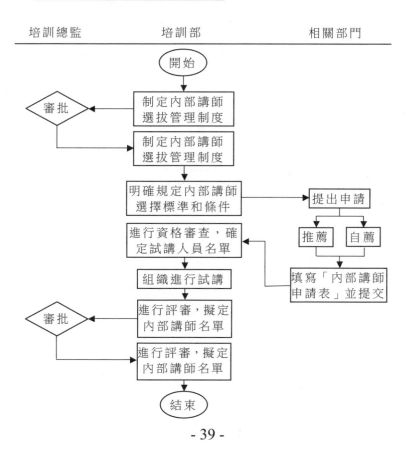

◎內部講師評估流程

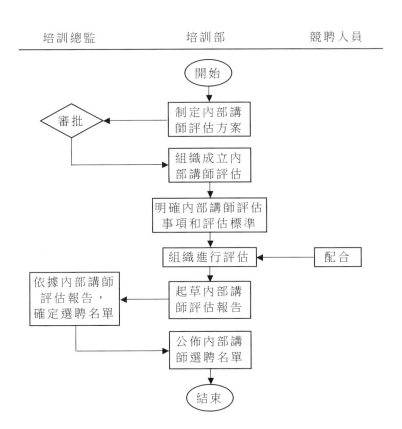

◎內部講師聘用流程

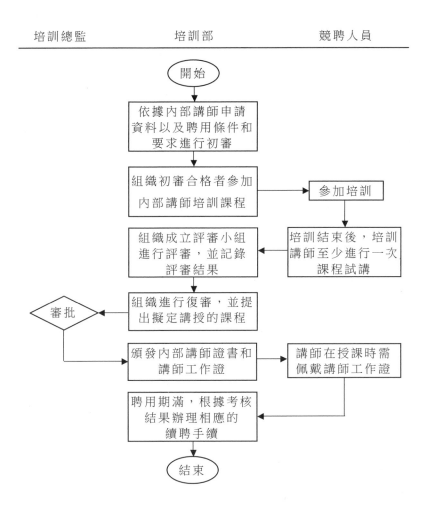

◎內部講師選擇流程

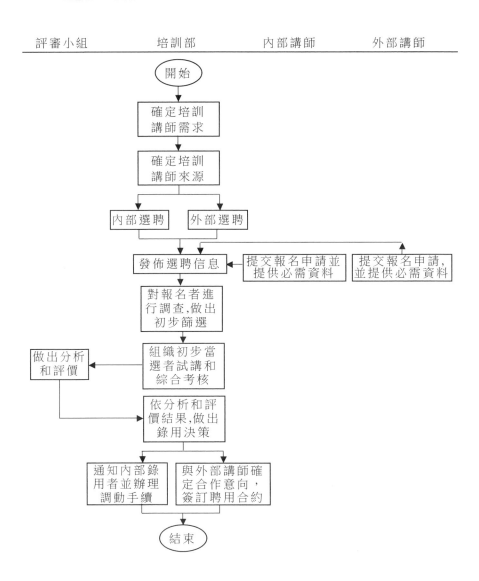

◎培訓講師調查流程

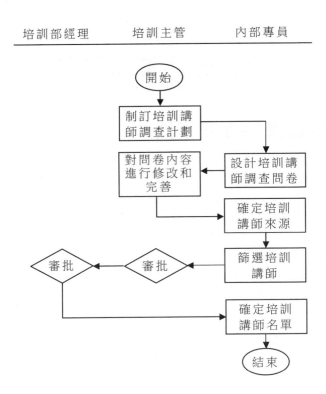

9

企業各部門推薦制度

◎內部講師推薦辦法

第 1 條　為了規範公司各部門內部講師的推薦管理工作，明確推薦的具體要求，特制定本辦法。

第 2 條　本辦法適用於公司各部門的講師推薦管理工作。

第 3 條　公司各部門在推薦內部講師時，應遵循公正、公平、公開的原則。

第 4 條　原則上公司各部門每年有兩次推薦內部講師的機會。

第 5 條　原則上公司各部門每次只能推薦一名內部講師，若遇到特殊情況，則視具體情況進行處理。

第 6 條　各部門推薦的候選人必須符合公司對內部講師選拔的要求。

第 7 條　候選人推薦標準如下。

1. 候選人需在公司工作半年(含半年)以上。

2. 候選人需在人員管理、業務管理、專業知識等方面具有較豐富的經驗，同時具有較強的語言表達能力和感染力。

3. 具有突出的工作業績。

4. 符合上述條件 2 條即可。

第 8 條　公司各部門應按照以下流程辦理內部講師的推薦工作。

1. 各部門的負責人填寫「公司內部講師推薦表」，詳細說明候選人的基本情況、工作業績以及推薦的理由。

2. 部門負責人在「公司內部講師推薦表」上簽字確認後，將其提交給公司培訓部。

3. 培訓部收到「公司內部講師推薦表」後，根據各部門的人員數量、申報水準、公司的培訓需求等情況與申請人所在部門協商，初步確定內部講師名單。

4. 培訓部將初步確定的內部講師名單報公司總經理審批,由總經理確定最終名單。

◎內部講師部門選評辦法

第 1 條　為了規範公司各部門內部講師的選評管理工作，選拔出各部門最優秀的人員作為內部講師候選人，特制定本辦法。

第 2 條　公司各部門應本著公平、公正、客觀的原則對內部講師進行評選。

第 3 條　公司各部門應成立部門內部講師評選小組，全面負責部門內部講師的評選工作。各部門負責人任組長，小組成員由部門內部相關人員組成。

第 4 條　明確部門內部講師評選標準，具體標準如下。

1. 正式員工。

2. 工作認真、敬業，績效顯著。

3. 擁有較高的業務技能和較高的理論水準。

4. 在管理、業務、專業知識等方面具有較為豐富的經驗或具有某種特長。

5. 具有較強的書面表達能力、口頭表達能力和溝通協調能力。

第 5 條 部門內部講師評選流程如下。

1. 部門內部講師評選小組發佈「內部講師評選通知」，對內部講師感興趣的員工可以根據通知的要求報名。

2. 部門內部講師評選小組依據部門內部講師的選拔標準和條件，對報名人員進行初審。

3. 經初審合格後，部門內部講師評選小組再對初審合格人員的工作業績、工作態度以及日常表現進行打分。成績佔第一位的人員即成為部門推薦人選。

心得欄

┈┈┈┈┈┈┈┈┈┈┈┈┈┈┈┈┈┈┈┈┈┈┈┈┈┈┈

┈┈┈┈┈┈┈┈┈┈┈┈┈┈┈┈┈┈┈┈┈┈┈┈┈┈┈

┈┈┈┈┈┈┈┈┈┈┈┈┈┈┈┈┈┈┈┈┈┈┈┈┈┈┈

┈┈┈┈┈┈┈┈┈┈┈┈┈┈┈┈┈┈┈┈┈┈┈┈┈┈┈

┈┈┈┈┈┈┈┈┈┈┈┈┈┈┈┈┈┈┈┈┈┈┈┈┈┈┈

10

內部講師的部門推薦方式

◎管理設計的內容

企業制定內部講師部門推薦辦法，主要是為了規範內部講師推薦流程，控制內部講師數量和品質，確保內部講師隊伍的素質。內部講師部門推薦辦法主要規範了以下 4 個方面的問題。

問題 1：內部講師選拔標準不明確，導致推薦的內部講師素質參差不齊；

問題 2：內部講師推薦數量沒有有效控制，導致內部講師數量遠遠大於需求；

內部講師推薦流程不明確，導致推薦效率低下內部講師評審辦法不規範，導致無統一篩選標準。

內部講師部門推薦辦法明確了內部講述師選拔標準、推薦數量、推薦評審流程、評審流程和辦法等內容。

選拔標準。通過明確的選拔標準幫助各部門掌握內部講師的推薦標準，以提高推薦講師的素質和業務水準；

推薦數量。通過對內部講師推薦數量的合理控制，使企業做到人盡其才，降低培訓成本；

推薦評審流程。設計科學、清晰的內部講師推薦評審流程，幫助申請人和評審人瞭解各階段工作的重點，提高內部講師部門推薦效率；

評審流程和辦法。制定詳細的評審流程，幫助評審人瞭解各階段工作內容及工作重點，確保評審過程公平、公正。

◎制度範例的展示

第 1 條　目的

為了規範公司各部門內部講師的推薦管理工作，完善推薦流程，提高推薦講師的品質，特制定本辦法。

第 2 條　適用範圍

本辦法適用於公司各部門的內部講師推薦工作。

第 3 條　管理職責

1.培訓部負責對各部門推薦的講師進行資格審核、評選、確定、任命等。

2.各部門負責按規定推薦優秀員工擔任公司的內部講師。

第 4 條　內部講師推薦原則

公司各部門在推薦內部講師時應遵循公正、公平、公開的原則。

第 5 條　推薦數量要求

1.公司各部門每年有兩次推薦本部門員工成為公司內部講師的機會。

2.公司各部門每次只能推薦一名內部講師，若遇到特殊情況需增加推薦人員數量，應經培訓部經理、人力資源總監審批後按照規

定流程處理。

第 6 條　推薦品質要求

各部門推薦的內部講師候選人必須符合公司對內部講師選拔的要求。

第 7 條　工作年限標準

1.各部門推薦的內部講師必須是本公司的正式員工。

2.各部門推薦的內部講師候選人必須在培訓相關領域的工作崗位上工作一年以上。

第 8 條　業務能力要求

1.各部門推薦的內部講師候選人須在人員管理、業務管理、專業知識等方面具備較為豐富的經驗。

2.各部門推薦的內部講師需有較強的語言表達能力和感染力。

3.各部門推薦的內部講師必須有可被證明的、突出的工作業績。

第 9 條　其他要求

1.各部門推薦的內部講師候選人必須得到本部門半數以上員工的同意。

2.各部門推薦的內部講師應在本職工作上未出現過較嚴重的責任事故。

第 10 條　部門內部評選流程

1.候選人自行推薦的,應向本部門負責人提交《內部講師自薦表》,詳細填寫個人信息,經審批通過後由部門負責人填寫《內部講師推薦表》。

2.部門進行推薦的,由各部門負責人填寫《內部講師推薦表》,

表中應詳細填寫候選人的基本情況、工作業績及推薦理由。

3.各部門匯總候選人，經本部門員工進行表決通過後，方可向培訓部提交推薦材料。

第 11 條　推薦評審流程

1.各部門負責人向培訓部提交《內部講師推薦表》。

2.培訓部收到各部門提交的《內部講師推薦表》後，根據各部門的人員數量、申報水準、公司的培訓需求等情況與候選人所在部門協商，初步確定《內部講師候選人名單》。

3.培訓部組織對《內部講師候選人名單》上的候選人進行資格審核、試講考核、專家評審等，評定每位候選人的綜合得分。

4.人力資源總監應根據考核評審成績進一步確定《內部講師候選人名單》。

5.培訓部將進一初步確定的《內部講師候選人名單》報公司總經理審批，由總經理確定最終名單。

第 12 條　內部講師聘用

各部門推薦的內部講師聘用手續需按照本公司《內部講師聘用實施細則》的相關規定辦理。

第 13 條　本辦法未盡事宜參照公司相關規定執行。

第 14 條　本辦法由培訓部制定，經總經理審核批准後生效實施；修訂、廢止時亦同。

內部講師自薦表

姓名		學歷		專業	
所在單位		部門		崗位	
授課方向					
特長描述					
授課經歷					
參加培訓經歷					
個人自薦理由					
部門經理意見					

申請日期：＿＿＿年＿＿＿月＿＿＿日

內部培訓講師授課效果考察表

基本信息	培訓講師		培訓課程				
	培訓時間		培訓人數				
考察項目	1.培訓目標達成情況		□5 □4 □3 □2 □1				
	2.講義編寫品質情況		□5 □4 □3 □2 □1				
	3.講師具備的講解技巧情況		□5 □4 □3 □2 □1				
	4.培訓內容的豐富性		□5 □4 □3 □2 □1				
	5.培訓內容與實踐的結合情況		□5 □4 □3 □2 □1				
考核結果 總體評價							
審批意見	培訓部經理意見：＿＿＿＿＿ 日期：＿＿年＿＿月＿＿日			總經理意見：＿＿＿＿＿ 日期：＿＿＿年＿＿月＿＿日			

註：5—「很好」、4—「尚好」、3—「一般」、2—「較差」、1—「很差」

內部講師推薦表

申請部門：＿＿＿＿＿＿＿＿＿＿＿　　　　日期：＿＿＿＿＿

姓名		擔任職位		貼照片處
性別		出生年月		
學歷		專業		
進入公司時間		本崗工作時間		
授課方向				
特長描述				
授課經歷				
參加培訓經歷				
受公司獎懲情況說明				
個人自薦理由				
部門推薦意見				
部門表決結果記錄				
個人簽字		部門負責人簽字		培訓部經理簽字

11

內部講師的資格確定

◎資格審查

在確定內部講師資格之前,首先應對員工進行資格審查,以確定員工資格的真實性。

1. 明確資格審查要求

進行員工資格審查時,應對其明確以下 3 點要求:

(1)資質條件:所有講師候選人應在組織規定的選拔範圍之內。

(2)組織規定的選拔標準為強制性資格條件,具體選拔標準依據組織的具體情況進行確定。有一項不符合要求的,資格審查認為不通過,只有完成符合強制性資格條件的員工,才能進行試講。

(3)員工必須按本須知要求認真填寫培訓部門規定的所有資格審查表格,簽字並對其真實性負責,培訓部門有權對其進行調查和澄清。若發現員工有弄虛作假的行為,則不能通過資格審查,已通過者也將被取消資格。

2. 資格審查表

培訓部門在對員工進行資格審查時,可以參考「內部講師資格審查表」。

◎進行試講

安排符合選拔條件的員工進行試講，確定其是否具備成為內部講師的能力。

1. 明確試講的要求

試講的 4 點要求為：

(1)試講前要認真備課、熟悉講義，同時要堅定信心，為試講做必要的準備；

(2)試講時應嚴格按照正常培訓課程的要求進行，從容穩重、沉著冷靜，一切跟正式培訓一樣；

(3)依據講義進行講解，重點突出、有條不紊，合理分配時間，注意前後環節的銜接，體現講與練的結合，做到過程完整；

(4)認真總結經驗教訓，不但要知道講授中的優缺點，還要找出原因，以便今後採取措施加強訓練，發揚長處，彌補不足。

2. 選擇試講的形式

試講的形式從不同的角度可以有不同的分法，如可以按試講的人數、範圍劃分，按時間劃分，以及按培訓場所劃分。每種試講形式都有其各自的作用和要求。

表 11-1　試講形式的分類

劃分標準	具體類型
試講人數和範圍	個別試講和小組試講
試講時間	平時試講和集中試講
培訓場所	課堂試講和現場試講

3. 確定試講時間和內容

時間：

(1)每個試講人員需要準備 30 分鐘的講課內容；

(2)培訓部門根據試講人數，確定每人的試講時間。

試講內容：

(1)試講內容要在所擔任培訓課程內容中節選一小部份；

(2)試講前應協調好，避免出現重覆的內容。

4. 進行試講評價

(1)評價要求

評價人員在評價試講情況時應注意實事求是，特別是對試講中存在的問題、不足之處要明確無誤地提出來；評價時要多找原因、多提改進意見，明確試講人員具體的努力方向；評價時要排除各種干擾因素(如人際關係、個人興趣等)，客觀地反映試講情況。

(2)評價實施

在員工試講時，由員工自己、培訓部門管理者和專業培訓師共同進行評價，並賦予不同的權重，根據評價總分來確定內部講師人選。

表 11-2 　內部講師試講評價表

試講者姓名		所在部門	
崗位		試講課程	

試講評價			

序號	評價內容	評分		
		員工自己 （20%）	培訓部門管理者 （20%）	專業培訓師 （60%）
1	語音語調			
2	現場氣氛			
3	表達流暢性			
4	肢體語言			
5	目光交流			
6	形象儀表			
7	時間掌控			
8	內容充實度			
9	案例講解			
10	提問情況			

說明：評價採用百分制，每項評價的滿分為 10 分。

◎資格確定

　　根據上述 3 者評價的總分來確定講師人選，具體步驟如下：

　　1.收集評價表：培訓部門相關人員負責收集「內部講師試講評價表」，並按講課人對評價表進行分類；

　　2.計算總得分：分別匯總每個試講人員的自我評價總分、培訓部門管理者評價總分和專業培訓師評價總分；

3.計算加權平均分：最終得分＝（自我評價總分×20%）＋（培訓部門管理者評價總分×20%）＋（專業培訓師評價總分×60%）

4.發放講師資格證書：培訓部門負責對最終得分在 75 分（含）以上者授予內部講師資格證書，頒佈內部講師聘書，並說明有效期。

12

內部講師的選擇標準

企業選拔內部講師，建立內部講師隊伍，首先要明確選拔範圍，主要從入職時間、學歷和培訓對象 3 個方面進行界定。

對於企業而言，無論是選擇內部講師還是外部講師，均應具有明確的標準。下列提供了選擇培訓講師的 6 項標準，供讀者參考。

1.實戰經驗要豐富

培訓講師必須具備足夠的實踐經驗，能全方位融合理論知識與管理實踐，從而真正幫助組織解決實際問題。

2.有獨立的課程開發能力

培訓講師必須具有獨立的課程開發能力，能夠根據組織的實際需求，開發並完善其培訓課程，使所傳授的知識和技能保持實用性和先進性。

表 12-1　選拔範圍一覽表

選拔維度			選拔範圍
入職時間			＿＿ 年(含)以上
學歷			＿＿ 及以上
培訓對象		普通員工培訓	主管級以上
		主管級培訓	經理級以上
		經理級培訓	總監級以上
	生產型企業	生產一線員工培訓	班組長以上
		班組長培訓	生產主管以上
		以此類推	以此類推

說明：職務級別高的講師，被學員接納的程度要高於同等級別的員工。

培訓內容		內部講師選拔範圍
培訓新員工的內部講師選拔範圍	企業文化培訓	1. 公司人力資源部經理及經理級以上人員
		2. 在公司服務不少於 5 年，能深刻理解企業文化
		3. 有企業文化培訓相關經驗
	基本素養培訓	1. 至少連續 2 年獲得優秀員工稱號，在基本素養方面表現優秀
		2. 具有 3 年以上工作經驗，熟悉職場基本素培訓培訓養要求
		3. 有基本素養培訓相關經驗
	專業素質培訓	1. 部門經理及以上人員
		2. 在該崗位工作不少於 3 年，熟悉崗位內容和要求
		3. 有給新員工進行培訓的經驗
	工作態度培訓	1. 至少具有 3 年該方面培訓經驗的專職培訓師或具有相關新員工培訓經驗的部門經理及以上人員
		2. 至少工作 7 年以上，具有豐富的工作經驗
	自我發展培訓	1. 人力資源部經理、培訓部經理及以上人員
		2. 在自我發展方面有成功經驗
		3. 有給新員工進行相關培訓的經驗

3. 相關領域的持續研究

培訓講師必須持續關注相關領域的最新發展，並不斷學習和研究，以確保所講知識符合培訓對象的需要。

4. 授課效果是一流的

培訓講師必須深刻理解成人學習的過程，靈活運用多種培訓方式，善於把握和控制課堂氣氛，使培訓效果最大化。

5. 授課能力較強

培訓講師應具有出色的表達和演繹能力以及良好的問題解答和輔導能力，能最大限度地吸引培訓對象的注意力。

6. 客戶回饋良好

對接受過該講師培訓的組織進行調查，瞭解培訓講師所授課程的實用性、授課風格、培訓效果等，只有得到客戶認可的培訓講師方可進入候選名單。

◎培訓講師面談評估

培訓講師是開展培訓的授課主體，其知識豐富程度、語言表達方式、授課形式等均會對培訓效果產生影響。因此，為選擇適當的培訓講師，還應在培訓講師試講之前，對其進行面談評估。

培訓講師面談評估的目的主要是為了瞭解培訓講師的語言表達能力、邏輯思維能力以及其真實的授課水準等。

表 12-2 培訓講師面談記錄表

基本信息	培訓講師		面談記錄人	
	面談時間		面談地點	
面談內容	1.您最擅長的專業領域是？ 2.您有那些工作經歷和實戰經驗？ 3.您目前講授的培訓課程有那些？ 4.您以往服務過那些公司？ 5.您對時間管理是如何理解的？ 6.您認為，那幾種是時間管理最有效的方法？			
綜合評價				

13

內部講師的篩選規則

◎選拔標準

組織選拔出合適的員工，再對其進行相應的講師技巧培訓，可以達到事半功倍的效果，這就需要組織明確內部講師的選拔標準。一般而言，內部講師選拔的標準主要包括以下 10 個方面。

1. 對培訓工作有濃厚的興趣

2. 熱愛本職工作，具有積極的心態

3. 具備豐富、扎實的專業知識

4. 具有幽默、自信的性格特質

5. 具有健康的身體和健全的心理

6. 具有一定的實踐經驗和相關閱歷

7. 具有較強的語言表達能力，善於溝通

8. 具有較高的業務能力和職業素質

9. 具有良好的工作態度和高尚的職業道德

10. 堅持「以受訓人員為中心」的服務理念

◎選拔流程

內部講師選拔的方式包括推薦和自薦兩種。具體的選拔流程如：

1. 發佈公告

組織根據內部培訓需要，發送某門課程講師培訓的通知，並附上「內部講師資格選拔範圍和選拔標準」等選拔條件。

2. 提出申請

符合條件的申請人，可由各部門推薦或自薦，填寫「內部講師推薦(自薦)表」。

3. 進行篩選

培訓部門依據「內部講師資格選拔條件」和部門實際需求，篩選出符合選拔條件者。

4. 進行培訓

經初步篩選，通過的人員需參加相關培訓以獲得基本的課程設計、語言表達、現場控制等方面的專業知識與技巧。

5. 試講和評估

培訓部門安排符合條件者進行試講，並組織內部講師評審小組對參加試講的人員進行評估。

6. 確定合格人員

培訓部門將申請人的綜合評估意見上報組織相關主管審核，審批後向合格人員頒發講師證書。

◎選拔制度

1. 選拔制度規範的內容

內部講師選拔制度是對組織的內部講師選拔工作如何進行規範化運作的規定，以保證內部講師選拔的公正性和公平性。內部講師選拔制度規範的內容如：

組織部門：明確那個部門負責內部講師的選拔工作，明確相關人員的工作職責；

選拔標準：制定內部講師選拔的標準，以便在各部門推薦人選或自己申請時作為參考的依據；

選拔流程：設計內部講師的選拔流程，明確各步驟操作標準和要求，確保選拔過程的公正、公平；

評審事項：

(1)內部講師的選定必須經過正規的審核審批流程；

(2)評審小組應討論並確定評估的標準和細則。

確定講師：

(1)內部講師的選定必須經過正規的審核審批流程；

(2)明確組織內部講師的最終決策人員及相應的職責。

2. 選拔制度的範例

第 1 條　目的

為明確本公司內部講師選拔範圍和標準等選拔條件，規範選拔流程，提高內部講師選拔的品質，特制定本制度。

第 2 條　適用範圍

公司所有內部講師的選拔工作均依本制度執行。

第 3 條　選拔範圍

在公司工作兩年以上的正式員工。

第 4 條　選拔原則

公司內部講師選拔應遵守公正、公平、公開、合理和專業的原則。

第 5 條　選拔方式

(1)部門推薦

公司人力資源部制定「內部講師資格選拔條件」發給有關部門，由各部門參照「內部講師資格選拔條件」推薦講師候選人。

(2)自我推薦

感興趣的員工可以自我推薦，經初步審核合格者也可以作為講師候選人。

第 6 條　選拔標準

(1)心態和興趣

具有積極的心態，對講課、演講具有濃厚的興趣。

(2)知識和能力

知識淵博，並具有相應的工作經驗和閱歷，具有良好的語言表達能力和較強的學習能力。

第 7 條　選拔流程

(1)發佈公告

人力資源部根據培訓工作的需要，在公司內部發佈某課程培訓講師的選拔通知。通知中應說明基本的選拔條件以及提交申請的方式和時間。

⑵提交申請

符合條件的申請人，可由各部門經理推薦或自薦，填寫「內部講師申請表」，報公司人力資源部進行初步審核。

⑶參加培訓和輔導

經初步審核，通過的人員需參加公司人力資源部組織的相關培訓以獲得演講的開場、主體的展開和結尾、基本的課程設計、語言表達、現場控制等方面的專業知識與技巧。

⑷試講與評審

①成立講師評審小組

在公司中高層領導中選出有培訓經驗的若干人員組成評審小組，並選出一人擔當評審小組的組長，負責評審小組的全面工作。人力資源部負責輔助其工作。

②明確評審人員職責

召開評審小組工作會議，確定各人員的工作職責，對評審過程中可能出現的問題進行商討，以文件的形式確認評審標準和評審細則。

③安排試講

給講課人員兩週準備時間，自擬題目，在指定日期進行 1 小時的試講。

④進行評審

評審小組跟進試講的全過程，對講課人進行全面評價，並填寫「內部講師評價表」。

內部講師評價表

課程基本情況	課程名稱		課程時間	
授課內容評價	導入		素材	
	切題		案例	
	活動		收結	
	課堂氣氛		師生互動	
授課技巧評價	語言表達		肢體語言	
	時間掌握		技巧細節	
授課材料評價	幻燈配合		板書效果	

⑤聘任決定

公司人力資源部將申請人的綜合評審意見上報公司人力資源總監審核,經公司總經理審批後,由人力資源部向申請人發出是否聘任的決定。

心得欄 _

_ _

_ _

_ _

_ _

_ _

14

內部培訓系統的要素

　　建立了企業的培訓系統，並不等於它就能有效運作，組成培訓系統四個環節的各個要素必不可少。可以看到企業內所有管理系統都支援培訓系統的有效運作。此外，為了保證培訓系統的持續、穩定和長期有效運轉，還需要匹配相應的制度。

　　大體來說，下列這些要素是為企業培訓系統有效運作保駕護航的「使者」。

◎年培訓預算

　　公司的年培訓預算，應該在公司每個財政年度結束時，在作下一年的人力資源預算時，一併做出，或分別做出。這是公司下年經營計劃的重要組成部份。

　　公司的年培訓預算應配合年培訓計劃進行制定。培訓預算總額應定在什麼幅度為合適呢？美國公司的年培訓預算總額，一般佔員工工資總額的 5%左右。在 IBM、摩托羅拉等高科技跨國公司，每年的培訓預算總額則高達員工工資總額的 10%以上。一項調查顯示，網路或電子商務公司的培訓預算佔年銷售額的 10%～15%。可見，

培訓預算應具體定在多少比例，應視公司的發展規劃、經營目標、管理重點等實際情況，由管理當局對公司全局評估後決定。

一些公司空有培訓預算，但培訓部並沒有詳細的培訓計劃落實這些培訓預算。一些公司的老闆只是在年終大會上宣佈第二年的培訓預算是多少，但實際上第二年究竟花了多少，怎麼花的，誰都不知道，這種預算只是一紙空文或一句空話。

因此，年培訓預算除與年培訓計劃配合之外，在培訓月報中，所有培訓活動、培訓預算都應詳細地列出來。

培訓預算的使用項目不應包括培訓人員的工資(應列到工資預算中)、建設培訓大樓或培訓教室等資金(應列入固定資產投資)，但培訓設備如培訓專用的幻燈機、錄影機、攝影機、音響設備、電視機等的購置，則應包括在內，培訓預算只用於培訓的日常開支，例如因參加培訓而出差的交通費、伙食費、住宿費；聽課費、訓練費、教材費；購置用於培訓及員工學習的書籍費；公司用作培訓的專用品如夾板、製作橫幅、展示品等開支。

總之，培訓預算的落實是培訓部的責任，而要落實培訓預算，必須有詳細的培訓計劃來支持。

最高管理層一旦宣佈了下一年的培訓預算總額之後，人力資源部或培訓部應進行跟進，制定出公司年培訓計劃，詳細列明預算的分配及使用的項目，以及完成預算的時間表或期限。不能在期限內完成，最高管理當局應要求培訓部說明及解釋，共同商量修訂培訓計劃，以跟進落實該項預算。

表 14-1　公司培訓預算分配表

1.按月分配：

月	1月	2月	3月	4月	5月	6月	7月	8月	9月	10月	11月	12月
比例												
金額												

2.按培訓用途分配：

用途	外部培訓	書籍購置	設備購置	培訓用具	交通食宿	其他
佔用比例						
金額						

3.按部門分配：

部門	市場部	銷售部	財務部	人力資源部	採購部	工廠1	工廠2	工廠3
比例								
金額								

4.按管理層級分配：

管理層級	經營層	管理層	督導層	操作層
比例				
金額				

◎年度培訓計劃

公司的年度培訓計劃，作為落實公司該年經營計劃的組成部份，當然要配合公司的管理目標而制定。

公司該年的管理目標和經營計劃，以及最高管理當局下達的培訓預算總額，是制定公司年培訓計劃的依據及指引。同時，培訓部應配合公司的經營管理目標，仔細地分析公司各部門、各層級、各工種員工的培訓需求，制定出具體的執行計劃。有些公司把培訓項目分為強制性的培訓、非強制性的培訓。

強制性的培訓項目一般是指在公司內部組織實施的培訓。因為這些培訓項目完全可以靠公司內部的力量實現，與培訓有關的因素基本上都可以控制，因而是公司強制推行的培訓項目。作為工作職責必不可少的一部份，作為公司的培訓政策，培訓部以及各部門負責人必須組織實施。

強制性的培訓項目通常包括：

(1)新員工入職培訓；

(2)與員工工作表現相關的工作知識、工作技巧、工作態度方面的培訓，即在職培訓；

(3)安全及衛生培訓；

(4)督導培訓；

(5)工作語言培訓（如外語培訓）；

(6)績效評估方面的培訓；

(7)管理層的培訓[如某公司規定其各分公司的總經理在當年內

完成總經理培訓計劃(G.M.Training Program)，部門經理每年要
參加兩個以上管理技巧方面的培訓課程。〕；

⑻「培訓培訓者」培訓課程(Train The Trainer 簡稱 TTT
培訓課程)；

⑼與客戶合作項目有關的培訓(如酒店與航空公司共同推出的
積分計劃、銀行與商場共同推出的消費信用卡計劃)；

⑽公司人才梯隊計劃；

……

1. 強制性的培訓活動

按日期把公司強制性的培訓項目一一列舉，說明每一項培訓活
動怎樣開展，需要多少培訓經費等。作為年培訓計劃的一部份，附
上年培訓活動日程安排表。

表 14-2 ____公司____年培訓及發展活動日程表

日期	培訓活動	責任人
一月	1. 評估年績效考核結果 2. 評估及修正人才梯隊計劃 3. 呈交下一年培訓計劃	培訓經理/總經理
二月	1. 跟進部份管理層員工的培訓計劃 2. 禮貌禮節方面培訓	總經理/培訓經理
三月	1. 管理及督導技巧培訓-員工輔導與紀律 處分 2. 組織落實一批員工的交換培訓計劃	總經理/培訓經理
四月	1. 食品衛生培訓 2. 對客服務技巧培訓	培訓經理/ 有關部門經理
五月	1. 對客服務技巧培訓——電話溝通 2. 工作流程/流程培訓	總經理/培訓經理 /有關部門經理

續表

日期	培訓活動	責任人
六月	1. 品質意識培訓 2. 對客服務技巧培訓——價格談判 3. 管理督導技巧培訓——人的管理	總經理/培訓經理/ 有關部門經理
七月	1. 對客服務技巧培訓——溝通技巧 2. 管理督導人員技巧培訓——溝通技巧 3. 品質觀念及其控制培訓	總經理/培訓經理/ 有關部門經理
八月	1. 管理督導技巧培訓——培訓培訓者課程 2. 對客服務技巧培訓——處理顧客投 3. 工作流程與工作流程培訓	總經理/培訓經理/ 有關部門經理
九月	1. 消防安全培訓及消防演習 2. 管理督導技巧培訓——會議組織藝術	總經理/培訓經理/ 有關部門經理
十月	1. 管理督導技巧培訓——團隊精神建設 2. 員工交換培訓計劃的組織實施	總經理/培訓經理/ 有關部門經理
十一月	1. 績效管理與績效評估技巧培訓 2. **管理督導技巧培訓――管理方式與目標管理** 3. 管理督導技巧培訓――時間管理	總經理/人力資源總監培訓經理/ 有關部門經理
十二月	1. 總結及評估年培訓工作情況 2. 組織培訓獎勵評選活動	總經理/培訓經理/ 有關部門經理
每月例行	1. 新員工入職培訓 2. 指導及檢查各部門在職培訓 3. 呈交培訓月報及三個月培訓計劃 4. 工作語言培訓	培訓經理/ 有關部門經理
年中例行	1. 評估並修訂公司人才梯隊計劃 2. 培訓工作會議	總經理/人力資源總監/培訓經理/ 有關部門經理
年例行	1. 評估並修訂公司人才梯隊計劃 2. 培訓工作會議	

　　年培訓計劃一般只反映一些方向性的項目，具體的培訓內容、時間及地點安排、培訓的方式方法等則在月/三個月培訓計劃中體現。

表 14-3 ＿＿＿＿＿＿公司＿＿＿年培訓計劃表

月份	培訓項目	培訓者	培訓對象	課時	地點	備註
1	公司管理制度培訓	部門管理者	全體員工	5H	本部門	
2	員工禮貌禮節、行為規範培訓	部門管理者	全體員工	5H	本部門	
3	品質管理技術	品管部經理	有關人員	18H	培訓室	
4	目標管理技術	總經理	主管級以上人員	5H	培訓室	
5	5S培訓	副總經理	管理級人員	6H	培訓室	
6	團隊精神訓練	培訓導師	部份員工	7H	戶外訓練	
7	會議組織技巧	總經理	主管級以上人員	4H	培訓室	
8	機器保養與安全生產	工程部經理	管理級人員	4H	培訓室	
9	培訓培訓者課程	培訓經理	管理級人員	18H	培訓室	
10	溝通與激勵	培訓導師	經理級以下督導	6H	培訓室	
11	倉儲管理流程	倉儲部經理	倉儲部全體員工	8H	培訓室	
12	採購作業流程	採購部經理	採購部全體員工	7H	培訓室	
每月例行	新員工入職培訓	培訓導師	當月新入職員工	18H	培訓室	

2. 非強制性的培訓活動

非強制性的培訓項目，包括與高等院校、職業學院/學校、培訓專業機構等合作的培訓課程，或參加他們推出的培訓課程。這些培訓課程，由於是培訓專業人士所設計和主持，無論是課程內容，還是培訓方式和技巧，都緊跟時代最新潮流，是企業導人新的管理理念、開闊員工視野的一條捷徑。但是這些培訓項目通常花費不菲，一些課程對企業也不一定都適用或適合，需謹慎規劃選擇。

如果一個公司內部的培訓資源有限，為保持企業的競爭力，就要花更多的金錢，加強與學校或專業培訓公司合作。例如國內一些民營企業，經過改革開放後近 20 年的發展，已經初具規模和實力，但培訓系統的建設還是一片空白，或才剛剛起步，要實現企業可持續發展的「永續經營」戰略，必須重點加強自己的專業培訓隊伍建設，加強自身培訓資源的積累。）

按活動或事件進行列舉，把需求原因、計劃安排、培訓時間、地點、培訓者或培訓單位、培訓預算等一一說明。

3. 公司人才梯隊計劃

我們已經在第三章詳細說明了公司人才梯隊計劃。作為支持公司培訓計劃必不可少的文件，公司人才梯隊計劃應附在年培訓計劃裏。公司人才梯隊計劃應在每年五月或十月份左右制定或進行調整完善。

4. 交換培訓

交換培訓計劃是為配合公司人才梯隊計劃的實施，讓即將晉職或調職等變換工作崗位的員工更好地適應新工作所做的準備及培訓安排。交換培訓包括在公司內部進行，也包括在公司外部進行（如

一些跨國公司每年都派員工到國外培訓的計劃,其中一項重要的培訓內容就是交換培訓)。所有交換培訓項目和費用預算都應在年培訓計劃裏說明。

5. 儲備人員培訓計劃

列出公司目前儲備管理及技術人員的姓名、他們已經參加和下一年將要參加的培訓項目、培訓目標、培訓計劃安排、何時何地由誰負責跟進、完成所有計劃中的培訓項目後學員將擔當的職位名稱等。其中要詳細說明下一年要參加的培訓項目內容。

◎月/季培訓計劃或培訓月報

公司的季或月培訓計劃,是進一步把公司的年培訓計劃具體化,並根據公司當時的經營管理形勢及環境的要求,對公司年培訓計劃中沒有包括的內容,或需要作出調整的內容,補充進來,以利於更好地實施。

如果說公司的年培訓計劃只是為公司一年的培訓活動搭起了一個框架,那麼公司的季或月培訓計劃則需要實實在在地進入實施階段,一般很少作更改或調整。

一些公司要求每月制定培訓計劃,而另一些公司則要求每三個月制定一次培訓計劃,或附在公司的人力資源月報中,報總經理批准。培訓月報除了列明當月的所有培訓活動之外,也要列明下個月或下三個月的培訓計劃。

每三個月制定一次培訓計劃,是考慮到一些培訓項目的實施週期較長,因此採用每三個月的形式制定培訓計劃,這是比較合理的。

公司的培訓月報應包括以下內容：

1. 強制性的培訓項目

⑴新員工入職培訓：包括培訓的人數、課程內容、時間長度等。

⑵在職培訓：列舉已完成的在職培訓，並對在職培訓做得好或差的部門進行分析，提出意見建議。

⑶衛生及安全培訓：列舉培訓的內容名稱、參加的部門和人數等。

⑷督導培訓：列舉培訓的內容名稱、參加的部門和人數等。

⑸工作語言培訓：列舉培訓的內容名稱、參加的部門和人數等。

⑹CSIP(Continuous Self-Improvement Process)「持續自我改善系統」，詳細內容在後面的有關章節說明)：列舉問題突出的方面，計劃的培訓活動，並把上一次回顧的時間和下一次回顧的時間說明。

⑺績效評估培訓：說明培訓的內容、參加的部門和人數、日期等。

⑻管理層的培訓：參加培訓的人員、培訓內容名稱、日期等。

⑼培訓培訓者課程：參加培訓的部門、人數及日期等。

⑽公司合作計劃培訓：培訓內容名稱、參加培訓的部門、人數、日期等。

⑾公司人才梯隊計劃：對執行公司人才梯隊計劃的進展情況、完成的項目及內容等進行說明。

2.其他培訓活動

把非強制性培訓活動的情況進行說明。

(1)培訓計劃

在制定公司月或三個月培訓計劃之前，各部門應把本部門的培訓計劃送到培訓部匯總，培訓部進行綜合和處理後，加上培訓部的培訓計劃，制定出公司的月或三個月培訓計劃，作為培訓月報的一部份附上。

(2)儲備人員的培訓進展情況

把儲備人員的姓名、目前實習的部門以及完成培訓的進展情況說明。

表 14-4 ＿＿＿＿公司從＿年＿月至＿＿年＿月培訓計劃

部門	培訓項目	培訓目標	地點	學員	培訓者	培訓課時	方法	何時培訓	備註

◎明確培訓部的培訓責任

公司內所有的培訓活動並非只是培訓部的責任。培植下屬，幫助下屬發展是各級管理人員義不容辭的任務，是他們管理職責必不可少的一部份。因此，只要其管理功能中有指導和監察別人工作的內容，就要負起培訓下屬的責任。培訓部作為負責管理公司所有培

訓活動的職能部門,要保證公司培訓活動有效開展,支援公司管理目標的達成,必須明確而有效地履行本部門的培訓功能和職責。

公司只靠培訓部的力量進行培訓,不可能有效和成功;只靠各級管理人員進行培訓,也不能保證績效,貫徹持久。培訓是事關公司全局的事業,需要培訓部與各部門管理人員各自分工,共同合作。

1. 培訓部的職能

培訓部是公司全部培訓活動的總策劃和總指導,是執行公司組織發展與人才培養戰略的核心。

培訓部的職能是通過對公司培訓活動的管理,以配合公司經營管理目標的實現。雖然各公司實際情況各有不同,具體來說,大致有下列各項(不一定包括全部):

(1)在總經理的領導下,制定年及月/三個月培訓計劃;

(2)負責公司培訓經費的控制,以確保公司培訓預算的落實和執行;

(3)在總經理領導下,定期參與對公司人才梯隊計劃的評估及修訂,負責與當事者共同制定個人發展計劃,以及相應的培訓及學習計劃,並跟進實施;

(4)在總經理領導下,制定員工交換培訓計劃並跟進執行;

(5)在總經理領導下,定期參與 CSIP 的評估活動,根據評估的結果制定針對性的培訓計劃,並跟進實施;

(6)在總經理領導下,制定管理層員工的發展計劃,並跟進該計劃的實施和進度;

(7)定期或非定期組織實施新員工入職培訓;

(8)組織有關各方進行各崗位的任務分解及工作分析,制定各崗

位的任職要求及相應的培訓計劃；

⑼指導並監察各部門在職培訓活動，並提供幫助和支持；

⑽定期或非定期對各級管理人員進行在職培訓技巧方面的培訓，如「培訓培訓者」等課程的培訓；

⑾組織實施工作語言方面的培訓；

⑿計劃、組織、實施「管理督導知識及技巧培訓」，包括公司內部培訓或對外委託培訓；

⒀組織或實施安全與衛生方面的培訓，並確保一定的頻度；

⒁組織實施針對全體員工或某一類別員工(如辦公室職員等)的素質培訓，包括儀容儀表、禮貌禮節、人際關係、溝通技巧、時間管理、法律、團隊精神等；

⒂參與或組織公司績效考核方案的制定，定期組織績效管理及績效評估技巧培訓；

⒃負責管理公司培訓室、圖書室、培訓專用設備如幻燈機、錄影機以及培訓專用的圖書、資料、錄影帶、錄音帶、CD-ROM 等培訓硬體；

⒄收集、翻譯、整理國內外可用於公司培訓的圖書和資料，以供培訓人員參考使用；

⒅對委託培訓(包括委託其他公司培訓本公司員工。或接受其他公司員工到本公司培訓、實習等)的費用及效果進行有效管理和控制；

⒆跟進公司教育補助計劃以及培訓合約的執行和管理；

⒇定期組織公司培訓工作會議。

2. 各級管理人員的培訓職責「管理始於訓練，止於訓練。」

各級管理人員要實現自己的管理功能，公司的每位員工最終都必須為自己的發展負責，成為公司團隊中才幹日益增長的一員。

各位經理和督導都有責任發展下屬，為他們的工作創造氣氛、提供條件並指出方向。這種責任不能由他人承擔，因為持續不斷的培訓永遠發生在日常工作之中。

負責培訓的管理者和專業人士，有責任和經理及督導們一起，共同創造條件和提供機會，發展員工的技能、知識和態度。

公司的工作必須具有靈活性，能夠適應變化。這取決於我們有效培訓員工的能力。因此，我們的政策很重要的一點是，聘請一批培訓專家。確保很好地組織、協調及執行培訓計劃，確保運用最合適的培訓方法。

公司各級管理機構都必須認識到，培訓需要很大的投資，必須仔細地規劃、評估、並作好預算。為使培訓工作有效進行，公司規定：

(1)培訓政策要為公司各個系統都理解。

(2)經理和督導都要知道如何培訓下屬，並承擔培訓的職責。

(3)培訓的方式應該是：從一開始就對培訓需求有一個清楚的瞭解，最終能夠實現培訓目標。

(4)有關的流程應為各級所理解，能就培訓的所有費用做出預算、說明和報告。

(5)公司內要有一套系統的方法，能評估員工工作能力，說明為改進員工工作能力而進行培訓之有效性。

(6)公司內的組織氣氛應能鼓勵、肯定、獎賞各部門在執行培訓計劃中的合作精神及表現。

(7)為使公司的培訓現代化,須維持專業的培訓部門,負責定期審查培訓者的素質、技術和方法、以及培訓媒介的品質。

(8)公司的組織結構和流程應確保各部門間的合作,以及有效利用具體的培訓潛力。

(9)公司的報酬制度應能吸引有能力的專家從事培訓工作,鼓勵他們發展專業培訓能力。

(10)使培訓者都參與有利於培訓工作的規劃。

「問渠那得清如許,為有源頭活水來。」公司的全體員工是企業的一池水,想要企業充滿活力,就要啟動這一池水,成為活水。培訓和學習就像水的源頭,給企業和員工注入活力。

心得欄 ------------------------------

15

內部講師的課程設計目標

　　課程目標是培訓課程對學員在知識與技能、過程與方法、情感態度與價值觀等方面的培養上期望達到的程度或標準，也就是說培訓結束後學員應達到的預期行為。

　　在課程設計中，課程目標的作用十分重要，不僅是選擇課程內容的依據，還是課程實施與評價的基本出發點。

◎課程目標的特點

1. 課程目標構成

　　一個完整的課程目標包括行為主體、行為動詞、行為條件和執行標準 4 個要素，簡稱 ABCD 形式。

　　A(Actor)：行為主體，即學員。

　　B(Behavior)：行為動詞，即執行的行為。

　　C(Condition)：行為條件，即執行的前提條件。

　　D(Degree)：執行標準，即用可測定的程度描述執行標準。

2. 制定課程目標的原則

　　課程目標是指培訓結束時或結束後一段時間內組織可以觀察

到的並以一定方式可以衡量到的具體的、合理的行為表現。它關注的是學員學到了什麼，而不是培訓師教授了什麼。

表 15-1　制定課程目標原則

原則	說明
S(Specific)	明確性、特定具體的，即用具體的語言清楚的說明要達到的行為標準
M(Measurable)	可衡量性，即應該有明確的數據作為衡量達到目標的依據
A(Achievable)	可以達到的，要根據學員的素質、經歷等情況，以實際工作要求為指導，設計切合實際的可達到的目標
R(Realistic)	實際性，即在目前條件下是否可行、可操作，是不是高不可攀和沒有意義
T(Timed)	時限性，即目標是有時間限制的，沒有時間限制的目標沒有辦法考核，或考核的結果不公正

◎描述課程目標

課程目標一般可分為三類，即認知目標、情感目標和技能目標。每類目標又可分為若干層次。

(1)認知目標

認知目標是指學員對知識基本概念理解能力所要達到的水準，其又可分為六個層次。

表 15-2 認知目標層次說明表

層次	層次含義說明
記憶	主要指記憶知識，對學過的知識和有關信息能夠識別和再現
理解	能掌握所學的知識，抓住事物的實質，並能用自己的語言解釋信息
應用	學員將所學知識應用到新的情景中
分析	分解所學的知識，找出組成的要素，並分析其關聯性
綜合	將知識各個要素重新組合，形成一個新的整體
評價	根據一定標準對事物進行價值判斷，如判斷一個市場調研報告的真實性

(2)情感目標

情感目標主要是指學員在思想、觀念以及信念上應達到的水準，其又可分為四個層次。

表 15-3 情感目標層次說明表

層次	層次含義說明
接受	學員願意注意特殊的現象或刺激，如參加課程活動、班級活動等
反應	學員不僅注意到了某種現象，而且主動參與，並做出反應，如完成培訓師佈置的練習任務、參加小組討論等
價值評價	學員將特殊的對象、現象或行力與一定的價值標準相聯繫，如在討論問題時，提出自己的觀點
信奉	學員通過價值評價，逐漸形成個人穩定的價值觀念

(3)技能目標

技能目標是指學員通過培訓後，其對所學知識和技能的操作應用水準。其又可分為三個層次。

表 15-4　技能目標層次說明表

層次	層次含義說明
模仿	學員按照指示或在培訓師的指導下完成某項技能的應用或完成某項具體的操作
操作	學員在沒有人指導的情況下，獨立完成某項技能的應用或完成某項具體的操作
創造	學員將所學技能運用到新的領域中，或是學員對技能本身進行改進以使其更好地被應用

◎課程目標的運用

在正確的指導下，根據目標的構成要素確定的課程目標會更加合理可行。設定正確的課程目標的重要意義在於目標運用，目標運用主要表現在以下 8 個方面。

1. 有助於學員瞭解接受培訓後，自己需要達到的標準和努力的方向；

2. 為課程設計提供廠方向和原則；

3. 為課程設計者確定培訓內容和培訓方法提供了依據；

4. 為培訓師所需教材和教具的製作提供了標準；

5. 為課程的介紹和宣傳提供依據；

6. 為評價和檢查學員通過培訓在知識、技能和態度上的改變和改進提供了依據；

7. 有助於及早判斷出培訓可以做到和培訓做不到的事情，進而消除不切實際、無法實現的目標；

8. 確定培訓師的職責。

16

內部講師如何掌握課程整體設計

　　課程整體設計指的是先把每個課程細分為多個單元，然後設計具體單元，也就是說對整個課程進行細分。一般課程分為 3～5 個單元，每單元再分為 2～4 個章節，章節再細分為內部具體活動。

◎確定課程基本信息

　　設計培訓課程之前，課程開發人員應首先要確定課程代碼、課程名稱、課程類別、受訓學員、先修課程、授課時間、課程開發人以及課程批准人等課程基本信息。具體介紹如下。

1. 課程代碼

　　課程代碼是課程的識別碼，它是課程的「身份證」，一門課程有且只有一個課程代碼。常用的課程代碼編制方法包括兩種，即數字課程代碼和「英文單詞首字母-數字」的組合課程代碼。

(1)數字課程代碼

　　數字課程代碼是指課程的代碼全部由阿拉伯數字組成，其代碼中的每一組(兩位或三位)阿拉伯數字都有特定的含義，數字具體的含義可根據企業的實際情況進行確定。

⑵「英文單詞首字母-數字」的組合課程代碼

「英文單詞首字母-數字」的組合課程代碼是指由代表課程類別名稱的英文單詞首字母加上阿拉伯數字課流程號組成的課程代碼，如企業文化類培訓課程中的「如何提煉優秀的企業文化理念」這門培訓課程的編號為 EC-01，其中 EC 是企業文化(Enterprise Culture)的兩個英文單詞首字母；01 表示在此類別課程中這門課程的序號為 01。

2. 課程名稱

課程開發人員在確定課程名稱時，要考慮以下兩個方面。

⑴課程名稱是否能夠體現出課程的核心內容，即培訓對象通過課程名稱是否能夠清晰地瞭解課程的主要內容。

⑵課程名稱是否具有吸引力，在課程名稱能夠體現其培訓內容的基礎上，課程名稱還要具有一定的吸引力，這樣可以激發培訓對象的學習慾望和動力。

3. 課程類別

企業的培訓課程類別可以根據不同的維度進行劃分，具體維度有管理層級、崗位以及課程培訓內容等。企業培訓課程類別可以根據企業的實際情況自行劃分。

表 16-1　培訓課程類別劃分表

序號	維度名稱	課程類別劃分
1	管理層次	高層管理者培訓課程、中層管理者培訓課程、基層管理者培訓課程以及員工培訓課程
2	崗位	技術研發類崗位培訓、採購類崗位培訓、生產類崗位培訓、品質類崗位培訓、行銷類崗位培訓、財務類崗位培訓、人力資源類崗位培訓、行政類崗位培訓以及客戶服務類崗位培訓課程等
3	培訓內容	知識培訓、技能培訓和職業素養培訓。其中，技能培訓又可分為溝通、領導力、執行力、問題解決等；職業素養培訓包括態度、責任、敬業以及忠誠等

4. 受訓學員

受訓學員是指培訓課程的學習人員。通常情況下，不同的培訓課程，其受訓學員是不一樣的。課程開發人員要在課程設計前，明確課程的學習對象，以便提高課程內容的針對性和培訓效果。

5. 先修課程

培訓內容之間是相互聯繫的。因此，課程開發人員在進行某門培訓課程設計時，需確定其先修課程，以告知那些沒有學習過先修課程的受訓學員，在進行本門培訓課程學習前，提前學習先修課程的內容，以便於他們能夠較容易地接受本門培訓課程的內容，提高培訓效果。

6. 授課時間

通常情況下，培訓課程的授課時間是以「小時」或「天」為單

位的。所有課程設計案例的授課時間均以「小時」為單位。

7.課程開發人員

課程開發人員的主要職責就是負責培訓課程的設計與編寫工作。課程開發人員可能是企業人力資源部門的人員，也可能是外部培訓機構或高校的人員。

8.課程批准人員

培訓課程開發完畢後，課程開發人員要課程提交人力資源部進行審批，而這些具有培訓課程審批權限的人就是課程批准人員。

◎確定課程進度

課程進度是進行課程整體設計不可缺少的部份。課程設計者要巧妙地配置有限的課程時間，使學員在整個課程執行期間積極參與學習活動，實現課程時間的最大價值。課程進度指的是培訓課程執行所需的實際時間以及具體安排。培訓課程所需的時間過長會影響學員的正常工作，而且會令人疲憊，難以獲得良好的培訓效果；時間過短則可能使大量培訓內容難以被學員吸收和消化。

確定課程時間的基本原則就是短、平、快，充分利用時間。在確定課程進度的過程中，應遵循四個原則。

1. 每天學習重點最多不要超過五個，以三個為最佳。

2. 上午學員精力充沛，可多安排理論知識的學習；下午學員精神難以集中，要多安排休息和活動。

3. 每天至少要預留一個小時的休息時間（不包括一小時的午飯），3 次 15 分鐘的課間休息（以早上 9：00～17：00 為例）。

4. 每天最好留出半個小時的時間來答疑或處理突發問題。

◎設計課程內容

設計課程內容時應採用邏輯學和心理學兩種方式。邏輯學是指根據合乎目標的具體規則與概念來編制內容；心理學的方式是指設計課程內容應先接觸到具體的內容，然後才是抽象的內容。

1. 選擇課程內容

(1)課程內容選擇步驟

一門培訓課程不可能涉及所有內容，因此在選擇課程內容時，應先考慮跟學員相關的學習背景和學習需求。在對環境、職務及學員需求進行了分析之後，確定學員必須學會的知識、技能和態度，在此基礎上再確定培訓課程的目標和目的。如果課程目標很明確，那麼培訓課程的內容就很容易確定了。

在選擇培訓課程內容時，可以按下列步驟進行。

步驟 1：根據課程目標要求，把學員需要學的全部知識、技能等內容列出來。

步驟 2：確定培訓課程中不可缺少的部份，即培訓對象必須瞭解的內容。

步驟 3：選擇一些可以擴充學員知識面的內容。

(2)劃分課程單元

大多數培訓都是以改進工作和提高績效為目的的，因此它必然是一連串項目的邏輯組合，所以將培訓內容安排成若干個可行的單元。

為了把培訓課程變成可以進行教學的成品,把全部內容「單元化」至關重要。要儘量把內容組織成模塊形式。

2.課程內容順序的編排

選擇好所有的培訓課程內容之後,要安排培訓課程的先後順序。

(1)課程內容的編排原則

課程設計者在進行課程內容編排時,可參下列的三個原則。

①從簡單到複雜,即從容易理解的現象或事物入手,引導學員逐漸理解複雜的現象或事物。

②按照客觀事物發展順序,即課程單元內容編排時,需要按照事物本身發展的順序進行講解。

③從已知到未知,即讓學員先接觸熟悉的話題,他們的理解力達到一定水準之後就比較容易接受陌生的內容

(2)課程內容編排流程

不管什麼培訓課程,都要求培訓內容組織得有條理,符合邏輯,這樣才能使學員易於理解。

①安排課程目標。

a.每一組培訓目標構成一個初始培訓單元。

b.分成若干組的目標就構成培訓內容的若干單元。

c.每一課程不應該包含太多的課程目標(例如一個小時內要完成五六個目標是不可取的)。

②分析和整理每一個給定的目標組合。

a.每一組目標構成一單元的內容。

b.將每一個目標作為該單元的一個要點。

c.將每一單元的幾個目標按照邏輯順序排列起來。

確定每個目標所包含的內容，這些內容是為了達到該目標所必須學習的。

③安排課程內容。

a.將各個單元的若干目標和每個目標的幾部份內容按照要求排列起來。

b.添加授課細節（培訓方式、教學工具等）。

④確定課程時間。

a.確定完成每個目標所需要的大概時間。

b.把這些時間累加起來得到該單元所需的總時間。

⑤檢查每一單元的初步編排，並進行必要的調整。

⑥對其餘的目標組合重覆上述步驟。

◎設計考核方法

考核指講師授課完成後，對學員掌握知識的程度進行的檢查。考核方法包括書面測試法、實際操作法以及現場演練法等。

書面測試法相對來說，成本低、客觀性強，易於實施，並且可以針對很多學員同時使用。

實際操作法可應用於整個培訓過程，讓學員瞭解他們的學習成果。實際操作法和書面測試是互補的，二者需結合應用。

現場演練法能夠鼓勵學員在工作中應用培訓內容，能夠加強學習效果，能讓講師和學員瞭解培訓的效果；但是它也存在一些缺點：耗時、成本高，需要大量的現場監督工作，學員之間互相觀察，

考核的可靠性不太強等。

因此在設計考核方法時，一定要考慮到培訓目標和工作任務性質，選擇合適的考核方法，準確、充分地體現出學員學習的效果。

◎分析課程資源

1. 課程資源分析思路

完成一次培訓，人力、物力的支持是必須的。因此在進行課程整體設計時，一定要慎重考慮培訓資源。可以按下列描述的思路對課程資源進行分析。

⑴本次培訓課程需要那些設備、設施及什麼樣的培訓場所？

⑵本次設備、設施如何獲得，培訓場所如何設置？

⑶本次培訓課程需要那些硬體和軟體？

⑷本次培訓課程需要那些參考資料或評估資料以及課程附錄等？

⑸本次培訓需要那些方面的專家？是那個領域的？需要他們多長時間的幫助？

2. 準備課程資源

⑴培訓資料的準備

培訓資料包括講師授課所需的授課資料、課件以及學員手冊等主導資料，還包括學員用到的培訓安排表、培訓回饋表以及在授課過程中需要的案例分析資料、測試卷等輔助性資料，根據培訓課程的要求，可能還需要學員的名單等。

(2)培訓環境的準備

在正式培訓之前，應該營造一種良好的培訓環境。在這種環境下，培訓的一切活動將有積極的導向性，最終達到培訓的最佳效果。為了塑造這種環境，應從以下兩個方面進行準備。

①讓學員意識到培訓的必要性。讓學員意識到培訓不僅可以提高企業業績，還能提升他的職業技能，以此增加學員的興趣，提高其學習的積極性。

②營造良好的學習環境。學習環境包括學習設施和學習軟環境。培訓設施應當讓學員感到舒適；培訓軟環境應該使學員認識到這是一次重要的培訓，能參加這樣的培訓是很幸運的，同時應體現出相互尊重的精神，包括學員之間、講師與學員之間的相互尊重等。

(3)培訓工具的選擇

隨著電腦、網路技術的發展，一些培訓工具本身已經成為一種培訓方法，所以選擇培訓工具與選擇培訓方法是同時進行的。

①培訓工具的類型。培訓工具一般分為普通培訓工具和新型培訓工具。普通培訓工具是過去一直使用的黑板、掛圖之類的培訓工具；新型培訓工具指的是網路培訓中所採用的培訓工具。

②培訓工具的選擇標準。選擇培訓工具的最終目的是提供最有效的培訓。選擇培訓工具時應從培訓預算、培訓的緊迫程度、學員人數、培訓場所、現成的培訓工具、培訓師以及培訓資源等方面進行綜合考慮。

表 16-2　培訓工具一覽表

培訓工具類型	說明
黑白板	幾乎到處都有，價格便宜，適用性強
活動掛圖	攜帶方便，價格較便宜，且能吸引學員的注意力，有助於復習、更新知識和實際應用
光碟	利用光碟進行培訓，可增強培訓的效果
投影儀、電視機	一種輔助培訓師進行講授的培訓工具
遊戲器材	輔助遊戲模仿方法進行培訓的工具
戶外基地	採用戶外拓展方法進行培訓時所需要的工具
電腦輔助	一般由專業人員編制系統軟體，添置適用的硬體，可以利用動畫與多媒體技術
模仿器材	虛擬現實技術生成的模仿是目前最先進的模仿形式，航空公司就是利用這種工具訓練飛行員的

(4)培訓場所的準備

培訓場所是學員進行學習的地方，場所的佈置對培訓效果具有重要的影響。培訓場所必須明亮、舒適，具有很好的氣氛，最主要的是必須滿足培訓的要求，應從以下 6 個方面考慮。

①培訓場所應能容納全部學員和相關設施。

②擁有書寫和擺放資料的工作區域。

③培訓師的工作區域內應有足夠大的面積放置教學材料和有關器材。

④具備相關的服務項目，如休息室和衛生間等。

⑤有調節室溫的溫控裝置、獨立控制的通風設備和適度的照明。

⑥座位的設置。座位設置一般有 U 型、V 型、圓型、魚骨架型和階梯型五種安排方式。

表 16-3　座位安排方式的優缺點對照表

座位安排方式	優點	缺點
U型	便於學員觀看 給人一種嚴肅認真卻無脅迫的感覺 培訓師可以走進U字中間進行講解	比較正式，易讓學員拘謹 後排學員離螢幕遠，可能看不清楚 前排學員常要轉一定角度看螢幕，時間長了可能導致頸部不適
V型	視線最佳 便於培訓師和學員互動 比較隨意	需要空間大，適用於學員人數較少的培訓
圓型	1.鼓勵學員最大程度地參與 培訓師與學員之間較易溝通 不易閒聊，不會形成非正式小團體	不容易找到圓形的桌子 一些學員視線受阻或頸部痛 給人臨時拼湊的感覺
魚骨架型	空間利用率高，適用於人數多時 適合所有學員看螢幕 培訓師可以沿著「魚脊」走	一些學員視線會被遮擋 易形成有副作用的小團體 後排學員離螢幕遠 培訓師與學員之間溝通效果較差
階梯型	視線和音響效果佳 空間利用率高 適用於講座型的報告培訓	培訓師與學員之間的溝通效果較差 有大學教室的味道 需要專門的教室

◎編制課程大綱

課程大綱是在明確了培訓目標和培訓對象之後，對培訓課程內容和培訓方法的初步設想。大綱給課程定了一個方向和框架，課程大綱給出了課程的主要內容和培訓方式。

1. 課程大綱的內容

(1) 課程大綱的編寫步驟

①根據課程目的和目標寫下培訓課程名稱

②為課程提綱搭一個大體框架

③記錄每項具體的培訓內容

④選擇各項培訓內容的授課方式

⑤修訂調整安排的內容

(2) 課程大綱包括的主要內容

課程名稱、課程目標、學員要求、培訓對象、培訓方式、課程特點、培訓內容、培訓時間、培訓場地。

某公司「商務禮儀」課程大綱

某公司商務禮儀培訓的課程大綱。

①課程名稱

商務禮儀。

②培訓對象

公司所有的員工。

③培訓目標

a.描述樹立良好第一印象的要素，增加交往中的競爭優勢。

b.掌握職場中的商務禮儀，從而塑造一個更加專業的形象。

c.掌握職場中基本的行為禮儀，從而養成一個良好的職業習慣。

d.學會用積極的心態待人處事，保持愉快、樂觀的心情。

④培訓課時

課時為 8 小時/天。

⑤課程內容

下表是培訓課程內容及課時安排的詳細說明。

培訓課程內容及課時安排表

單元構成		核心內容	課程總時長
第一單元	禮儀概論	禮儀的起源 禮儀的重要性	30分鐘
第二單元	給人以良好的第一印象	形象的構成要素 第一印象的效果 我給別人的第一印象如何	90分鐘
第三單元	塑造職場專業形象	男女商務服飾禮儀 男女商務儀容、儀表和禮儀 表情神態禮儀	60分鐘
第四單元	掌握基本行為禮儀	交往白金法則 電話禮儀 見面禮儀(介紹、握手、互遞名片) 領路禮儀 乘車禮儀	180分鐘
第五單元	培養積極職業心態	積極心態的意義 消極心態的影響 培養積極心態的方法	120分鐘

⑥培訓方式

講授＋分組討論＋案例分析。

⑦培訓場所

公司員工活動大廳。

◎課程整體設計的實例

某公司對「提升員工職業素養」課程進行設計時，將課程整體分為 3 部份，這 3 部份是：課程培訓說明；課程單元構成及課時設計；培訓課程內容和培訓要求設計。

「提升員工職業素養」整體課程設計

第一部份　課程培訓說明

(一)課程目的

提升企業所有員工的職業素養，培養符合企業要求的高素質人員。

(二)培訓對象

本課程適用於專科以上、志在提高工作能力和業務素質的企業員工。

(三)培訓要求

1. 正確認識「提升員工職業素養」課程的性質、目的以及使用

對象，全面瞭解課程的知識體系、結構。

2. 通過本課程培訓，使學員掌握「提升員工職業素養」主題涉及的基本概念、基本原理以及基本知識等。在培訓過程中，有關的知識體系按不同程度分三個層次作出要求。

(1)瞭解：要求學員知道的內容。

(2)一般掌握：要求學員能夠理解的內容。

(3)重點掌握：要求學員能夠深入理解並熟練掌握，同時能將所學知識應用到日後的工作實踐當中。

3. 授課應採用案例分析、小組討論等多種培訓方法，使學員能夠運用所學原理並能解決實際問題。

(四)培訓方法及培訓方式

下表對本課程的培訓方法及培訓方式進行了簡單的說明。

培訓方法及培訓方式一覽表

培訓方法及方式	說明
音像課	本課程採用錄影教學媒體，以課程大綱為依據、以文字教材為基礎，結合案例，以重點講授或專題形式講述本課程的重點、難點、疑點以及學習思路和方法，幫助學員瞭解本課程的主要內容
面授輔導	以課程大綱為指南，結合錄影講座，通過講解、討論、座談、答疑等方式培訓學員獨立思考和分析問題的能力
自學	是學員系統獲取學科知識的重要方式
實踐教學	在授課過程中，及時佈置習題作業并監督學員完成；結合培訓進度安排實地參觀、社會調查並進行交流，編寫參觀體會或調查報告
考核	通過考核檢查學員對課程基本知識、基本原理和基本方法的掌握程度，檢查學員運用所學知識分析和解決問題的能力

第二部份　課程單元構成及課時安排設計

本課程培訓教材主要有文字教材、錄影教材兩種主導形式和電子課件這種輔助形式。文字教材與錄影教材相結合，主要講授培訓內容的重點、難點以及疑點。。

課程單元構成及課時安排表

序號	名稱	學時
第一單元	如何進行時間管理	8
第二單元	如何進行自我發展	9
第三單元	如何開展工作溝通	9
第四單元	如何進行工作彙報	9
第五單元	如何進行會議管理	8

第三部份　培訓內容和培訓要求（部份）

（一）如何進行時間管理

1. 明確課程目標。

通過本次培訓課程，您應該能夠：

(1)說明時間管理的實質意義；

(2)明確高效能人士的成功習慣；

(3)制定人生七個方面的目標；

(4)掌握時間管理的具體方法。

2. 時間管理的意義（略）。

3. 時間管理的原則（略）。

4. 時間管理的方法（略）。

（二）如何進行自我發展

1. 讓學員確定目標

通過本次培訓，學員應做到以下幾點。

(1)瞭解建立目標的重要性。

(2)描述出以下幾種重要的思考方法：個人腦力激盪、因果圖、5W1H 方法、5W、水準思考法以及 6 項思考帽。

(3)能夠運用不同的思考方法分析自身現狀，對自己的現狀進行評估。

(4)在面對職業選擇時能夠有效應對：改變境遇、改變自己、改變個人和工作之間的管理以及離開。

(5)制定人生七個方面的目標。

(6)掌握時間管理的具體方法。

2.時間管理的意義(略)。

3.時間管理的原則(略)。

4.時間管理的方法(略)。

(三)如何開展工作溝通

口頭溝通；書面溝通；會議溝通(略)。

(四)如何進行工作彙報

進行彙報、分析聽眾、抓住聽眾技巧、準備團隊彙報會(略)。

(五)如何進行會議管理

做好準備工作；發言要言簡意賅；保持冷靜，彬彬有禮(略)。

17

內部講師的課程實施文案

◎編制講師手冊

講師手冊是培訓師在上培訓課時的順序、內容的指引，在課程設計中，它屬於培訓師備課的一部份。講師手冊的內容包括開場、氣氛調節、所要教授的主要理論或技能，培訓方式、案例分析、遊戲編排、互動討論、相關測試及測試結果分析、所提問題及問題答案、可能遇到的困難及對策等所有和課程有關的所有內容。因此，編輯講師手冊是整個培訓課備課過程中最艱巨、最具創造性的工作。

在製作講師手冊的過程中，最重要的就是按照課程大綱的思路，依照時間表的時間分配，進行資料的收集和編排工作。

1. 講師手冊構成要素

課程講授分為三個部份：開場、主體和結尾。講師手冊編制也應當按照授課的過程進行。

(1)開場

「良好的開端是成功的一半」、「萬事開頭難」，開場的重要性不言而喻。開場把握的要點有 4 個。

表 17-1　開場注意要點

開場要點	要點說明
塑造良好的第一形象	(1) 注重儀容儀表 (2) 表現出熱情和自信
進行恰到好處的介紹	(1) 培訓師介紹。培訓師可以採取書面介紹、請人介紹和自我介紹的方式讓學員瞭解自己、認識自己 (2) 學員的介紹。學員自我介紹和互動介紹。對於新員工等課程的講授而言，可考慮留出一定的時間進行學員介紹。學員介紹能活躍氣氛，打破僵局，營造寬鬆的培訓氣氛
建立培訓期望值	(1) 開場時，可通過對課程內容和分配時間的介紹，讓學員對課程講授的總體情況有所瞭解。例如，可以使用以下的語氣進行說明：「在今天__小時的授課時間裏，我將用__分鐘進行理論講解，　　　　__分鐘進行學習討論，花費__分鐘分析案例」 (2) 建立培訓期望值可以幫助學員明確培訓的目的，把握整個課程的進展，並明確各個內容板塊的學習目標
引發學習興趣	(1) 告訴學員本次學習的重要性和培訓機會的珍貴，明確本次學習對於學員的好處和實實在在的利益，激發學員的學習動機 (2) 以下是列舉的引發學員興趣的方式，以供參考 ① 表明參加本次培訓帶來的晉升的可能性 ② 舉例說明參加培訓的好處，最好用數據說明 ③ 列舉反面案例表明不參加培訓後果的嚴重性

(2)主體

主體部份應表明以下 3 大事項。

①授課內容及其要點

培訓的主要目的就是傳授知識、技能等。因此，在編制講師手冊時，應明確授課的標題和要點，還可以標明闡述每一標題所需控制的時間。案例、故事、討論、遊戲、活動等作為授課內容的重要構成方面也需要在主體中予以說明，並應說明為了順利完成案例分析、故事講解、內容討論、遊戲、活動等所需的材料、道具及應控制的時間等。

②控制培訓環境

確保培訓的外在條件(如光線、室溫、通風等因素)不會干擾培訓的開展，使學員的注意力能夠集中在培訓的內容上。

控制培訓環境還包括掌控課程的進展和互動環節的討論，以免由於時間控制不合理導致內容沒有全面展示。

③調節氣氛

調節氣氛有利於保持學員學習的興趣，有利於培訓內容被理解和掌握。培訓師在授課過程中要對氣氛的變化保持敏感，並採取適當的措施調節氣氛。例如，如果氣氛沉悶，可以通過引入學員興趣度極高的話題或案例幫助活躍氣氛，而如果氣氛過於熱烈，應當及時提醒學員要有良好的學習心態。

(3)結尾

在編制講師手冊時，應當明確課程結尾所用的方式，例如是用總結式、展望式還是鼓勵式，或者使用名言警句或故事等結尾。

不論以什麼方式結尾，在講師手冊中都應當明確所使用的結尾

方式的素材,例如要以故事結尾,則應將故事的原始材料和內容進行簡單的介紹。

2.講師手冊的編制步驟

講師手冊的編制步驟如下。

(1)充分把握培訓需求

在編制講師手冊前仔細考慮所授課程的目標、學員的特點、學員的理解水準等問題。這可以透過與學員及學員所在部門領導的交談找到答案。

(2)確定課程的主要章節標題和培訓課時分配

在確定課程的主要章節標題時可以參考市場上類似課程的大綱介紹,可以取長補短、查漏補缺,時間安排的確定是分配章節內容所需時間的前提,也是設計案例、遊戲、討論內容的前提和掌控案例、遊戲、討論時間的必然要求。

(3)收集資料,編寫內容

①理論知識

理論知識資料可以從相關教材類圖書、網路和公司資料中發掘。

②知識應用的設計

表 17-2　員工激勵講師手冊

課程構成	授課內容和方式	授課說明
開場	各位學員都是有著激勵經驗的專家,對於員工激勵你們都有自己的獨到體會,現在請大家用3～5分鐘的時間填寫發到你們手中的第一份材料,這份材料是測試你們的激勵水準的。稍後,我將就測試結果進行分析。 **激勵能力自我測試題** 1. 在激勵下屬時,你選擇激勵方式的依據是什麼? A. 根據下屬的特點選擇　　B. 根據公司制度選擇 C. 依據自己的偏好選擇 2. 你如何認識各種激勵方式的重要性? A. 都是有效的要綜合利用 B. 不同的方式效果不同 C. 要有選擇地用 3. 準備激勵下屬時,你是否會花時間思考應怎樣選擇激勵方式? A. 每次都要思考　　B. 特殊情況下思考 C. 不要思考,嚴格執行公司制度 　　為了使激勵方式更有針對性,你會怎樣去掌握下屬的個性、特點與偏好? A. 多重方式並用　　B. 通過溝通去掌握 C. 根據自己的觀察去掌握 5. 你通常採用幾種激勵方式激勵下屬? A. 5種以下　　B. 3～5種　　C. 3種以下	以測試題導入,幫助學員明確本次課程學習的重要性和必要性,激發學員的學習主動性所需授課材料包括電腦、投影儀、白板、白板筆

開場	6.你採用的激勵方式是否能達到理想的效果？ A.通常都能達到　　B.大部份能達到 C.部份能夠達到 7.你如何對下屬進行激勵？ A.物質激勵和精神激勵並重　　B.以精神激勵為主 C.以物質激勵為主 8.你如何認識物質激勵？ A.需要和精神激勵相結合　　B.物質激勵是必需的C.是最好的激勵方式 9.你何時對下屬進行讚美和表揚？ A.隨時隨地　　B.當下屬有良好表現時 C.當下屬有突出成績時 10.作為管理者，你如何認識懲罰？ A.有時候也是一種激勵　　B.有時候會打擊員工 C.是管理者的一種態度 試題結果說明： 　　選A得3分，選B得2分，選C得1分 　　24分以上說明你的激勵能力很強，請繼續保持和提升。 　　15～24分，說明你的激勵能力一般，請努力提升。 　　15分以下，說明你的激勵能力很差，急切需要提升。 　　通過對測試題日的分析可以知道，各位在激勵能力上儘管有著獨到的體會，但是整體的激勵能力有待提高，在進行完今天的學習後，你將能夠： 1.列出激勵的不同類型和方法。 2.診斷員工激勵中存在的問題。 3.根據激勵對象的不同特點選擇適當的激勵方法。 4.對員工進行有效的激勵	以測試題導入，幫助學員明確本次課程學習的重要性和必要性，激發學員的學習主動性 所需授課材料包括電腦、投影儀、白板、白板筆

續表

第一部份 認識激勵	一、員工為什麼需要激勵 (該部份的講解可以通過播放視頻片段來幫助學員理解和掌握) 二、馬斯洛需求層次理論及其帶給我們的啟示 (以圖解幻燈片的形式講解) 三、赫茨伯格的雙因素理論及其帶給我們的啟示 (以圖解幻燈片的形式講解) 四、其他激勵理論及其帶給我們的啟示 (以圖解幻燈片的形式講解) 五、當前企業中員工的真正需求是什麼 (該部份的講解引入學員討論環節,通過學員表述自己在工作中的需求,引導學員形成對員工需求的共識)	以講授法為主,輔之以討論互動 所需授課材料包括電腦、投影儀、白板、白板筆、活動掛圖
第二部份 你可以 選擇的 激勵方式	一、物質激勵 (一)目前企業常用的精神激勵的做法 (二)評判物質激勵是否到位的標準 (三)最大化發揮物質激勵的技巧 (四)物質激勵案例介紹 二、精神激勵 (一)目前企業常用的精神激勵的做法 (二)評判精神激勵是否到位的標準 (三)最大化發揮精神激勵的技巧 (四)精神激勵的實際案例介紹	以講授法為主,輔之以案例講解 所需授課材料包括電腦、投影儀、白板、白板筆
第三部份 掌握有效 激勵技巧	一、評估員工和工作 (一)合理安排工作量 (二)工作豐富化 (三)工作擴大化	以講授法為主,輔之以小組討論

續表

第三部份 掌握有效 激勵技巧	二、同員工分享信息以獲得理解和支持 三、工作回饋多表揚，少批評 四、信任和充分授權 五、及時詢問員工工作進展，並提供支援 六、敏銳發現員工消沉、老化的表現信號 七、營造創新、參與的工作氣氛	所需授課 材料包括 電腦、投影 儀、白板、 白板筆
第四部份 結尾	激勵沒有固定的一用即準的法則，因為激勵的對象不同，激勵的時機不同，激勵的風格不同，激勵的環境不同，但是所有的激勵都必須基於對對方的尊重和信任。下列這個故事，我希望大家在結束課程後，在開展工作的過程中能夠時刻牢記。 　　　　　　　　　　課程結尾故事梗概 　　一個囚犯在外出修路時，撿到了1000元錢，不假思索地交給了獄警。獄警卻輕蔑地對他說：「你別來這一套，你自己的錢變著花樣來賄賂我，想以此作為資本減刑，你們這號人就是不老實。」囚犯萬念俱灰，認為這個世界不再也不會有人相信他了。晚上，他越獄了。亡命徒中，他大肆搶劫錢財，準備外逃。在搶得足夠的錢財後。他乘上了一列開往邊境的火車。火車上很擠，他只好站在廁所旁。這時，一位十分漂亮的姑娘走進廁所，關門時卻發現門扣壞了。她走出來，輕聲對他說：「先生，您能為我把門嗎？」他愣了一下，看著姑娘純潔無瑕的眼神，點點頭，姑娘紅著臉進了廁所，而他像一個忠誠的衛士，目不轉睛地守著門。這一剎那，他改變了主意，火車到達下一站的時候，他下車到車站派出所投案自首了。	以故事結尾，通過故事給學員留下深刻的印象，增強本次授課效 所需授課 材料包括 電腦、投影 儀、白板、 白板筆

知識應用就包括案例、遊戲、活動等環節的設計。這些可以從網路、實務類圖書或自己的切身經歷等獲取素材，並編排成可操作、可應用的內容等。這一部份內容的關鍵在於對案例、遊戲、活動進行的分析和總結，並設法將其控制在可控範圍內。

◎編制學員手冊

學員手冊是學員參加培訓時得到的培訓資料，包括學員需要或者被要求掌握的所有知識要點。學員手冊的內容和形式可以根據課程的需要有多樣化的選擇，如可以選擇教材、培訓資料的某些部份或講義的某些資料等。在培訓開展過程中，也會發放對學員手冊加以補充的資料，包括參考資料、講義、案例分析資料、角色扮演資料以及遊戲說明資料等。

表 17-3　學員手冊編寫要求及其說明

縮寫要求	要求說明
準確性	只有確保所有內容的準確無誤才能保持課程在學員心中的可信度
針對性	學員手冊的編寫內容要緊緊圍繞學習目標來組織，在滿足學習目標要求的基礎上增加內容的趣味性
難易適中	學員的文化程度和理解能力存在差別，這就要求編寫學員手冊時應充分考慮學員的文化水準和理解能力的要求，以免給學員學習增加壓力
留存適當空白	編制學員手冊時，應適當留出空白供學員在學習過程中進行記錄
排版的適宜性	在編寫學員手冊時，應當設計合適的字體和字型大小

　　學員手冊的形式比較靈活，可以是一本外購的圖書，也可以是自編的一套教材。就自編的學員手冊而言，主要表現為 PPT 形式。

　　編制 PPT 形式的學員手冊可以培訓師製作的課程演示文稿為藍本，根據學員的特點，進行內容的調整和排版的相關優化就可以了。利用講稿編制學員手冊的優點包括以下 4 個方面。

　　(1)內容同培訓師的授課內容一致，便於學員復習。

　　(2)內容簡潔，一目了然，便於理解、記憶。

　　(3)恰當的圖片使用幫助學員理解課程內容。

　　(4)編制時間短，花費成本低。

〈授權技巧〉學員手冊的編制範本

一、學習目標

當你學習完本課程後，應當達到以下學習目標。

1. 能夠準確覆述有效授權的_____個要素。

2. 能夠默寫授權的_____個基本原則。

3. 運用所需知識，能夠準確判斷工作中那些做法不是有效的授權方法。

4. 能夠運用有效授權原理，改變自己曾經做過的不合理授權的做法。

二、本課程的考核方法

採用閉卷考試的方法，對學員是否達成學習目標進行考核。

三、本課程的內容要點

(一)瞭解授權

1. 授權的必要性。（具體內容略）

2. 授權的要素。（具體內容略）

3. 授權的原則。（具體內容略）

(二)授權常會遇到的障礙

1. 自己做會比員工做得更快。（具體內容略）

2. 不放心員工的工作能力。（具體內容略）

3. 認為員工不願承擔過多的工作。（具體內容略）

(三)授權的方法

1. 按項目授權。（具體內容略）

2. 按任務授權。（具體內容略）

3. 按職能授權。（具體內容略）

(四)授權的步驟

1. 準備授權。（具體內容略）

2. 下達指令。（具體內容略）

3. 監控進展。（具體內容略）

4. 授權改善。（具體內容略）

18
內部講師的課程實施準備

把課堂上要講授的內容掌握得滾瓜爛熟，對訓練中可能出現的各種情況做到心中有數，對自己要提出的問題以及學員可能提出的問題早做設計，對遊戲互動、實操演練、小組討論都配置得當。

◎掌握五大要點

充分的準備是確保培訓效果的必要條件，為了避免在走到授課現場時才感覺到遺漏了應該準備的東西，從而導致影響情緒或授課效果，培訓師在開展培訓前應確保自己進行了充分的準備。

在明確需要準備的事項後，可以借助項目匯總表總結自己的準備成果。

表 18-1　培訓課程準備的五大要點

五大要點	問題的具體方面
授課目標	學員為什麼來參加培訓，培訓課程結束後學員可以從培訓中得到什麼
授課內容	自己在課堂上要傳授那些主題，講授課程時要考慮學員的層次水準，講授課程需要那些設施設備，授課需要準備那些材料
學員詳細特徵	學員的年齡、國籍、文化程度、工作資歷、培訓期望和思維特點等信息
具體授課時間	課程的具體時間，包括一年中的那個時段，工作日還是公休日，上午、下午還是晚上
具體授課地點	授課地點在那個樓，那個房間，室內佈置有什麼特點，座位如何擺放，光線、溫度等舒適度和抗干擾程度如何

表 18-2　培訓準備項目匯總表

準備項目	項目具體內容					
學員情況	學員平均資歷		最高資歷		最低資歷	
	學員平均年齡		最大年齡		最小年齡	
	接受過的訓練					
課堂需要解決的問題						
課堂要用的案例						
課堂要開展的活動						
課堂要用的故事						
課堂要用的視聽素材						
可能要用的輔助工具						
可能會出現的提問						
可能出現的意外情況						
可能的表現優秀者						
可能的表現不佳者						
潛在的支持者						
潛在問題製造者						

◎準備所需的資源

1. 設備、設施準備

(1)設備、設施的內容

包括電腦、投影儀、鐳射筆、教鞭、教具(教學模型)、黑板和白板、工具、講師教材、白板和白板刷、投影儀和投影螢幕、錄音、攝像設備、麥克風和電池、座位牌等。

(2)掌握「三不」原則

設備、設施的準備應當把握三個原則,即不遺漏、不損壞和不陌生。

①不遺漏

不遺漏就是要根據所需設備、設施的清單,核對應準備的設備、設施已經齊全,不存在遺漏的情況。

②不損壞

不損壞就是要保證已經準備齊全的設備、設施無損壞情況,不會影響使用。

③不陌生

不陌生就是要對各類設備、設施進行試操作,確保使用效果能夠滿足課程講授的需要。

2. 文本材料準備

(1)文本材料的內容

文本材料指的是在教學過程中要使用到的以紙張、硬碟等形式存在的與授課內容相關的材料。具體包括五類文本材料。

①學員手冊。

②視頻音頻資料。

③活動掛圖。

④學員填寫表格。

⑤其他說明性資料、討論資料、測試文件等。

⑵掌握「三全一準」原則

在準備文本材料時,應做到「項目全、內容全、數量全、表達準確」。

①「項目全」是指根據所需文本材料的清單,確保所準備的文本材料種類齊全,無遺漏。

②「內容全」是指每一類文本材料的內容沒有缺失,能夠達到開展授課的要求。

③「數量全」是指對每類文本材料的數量進行清點,確保所需的份數符合要求。例如學員手冊人手一份,應確保總份數不低於總人數,並在此基礎上多準備幾份以防意外。

④「表達準確」是指培訓師一定要認真核對文本材料的內容,確保表述準確、完整,不存在模糊不清、表達錯誤、排版不當的情況。

19

內部講師的課程實施技巧

　　培訓師要想取得良好的培訓效果，有效達成培訓目標，就應掌握有效的授課技巧。對培訓師而言，技巧的運用程度並不能在很短的時間內養成，但是從進入課堂的那一刻起，培訓師就應當有意識地運用各種技巧來幫助自己達成培訓目標。

◎巧妙導入

1. 開場解答困惑

　　開場首先應解答學員的一些困惑，讓學員對授課的進度和培訓的組織安排做到心中有數，從而使學員能夠安心聽課。這些困惑包括以下 6 個方面。

　　「大約什麼時候會休息？」

　　「大約什麼時候用餐？」

　　「臨時休息室在什麼地方？」

　　「有無特殊的活動安排？」

　　「培訓大概會在什麼時候結束？」

　　「培訓結束後是否會安排當場評估？」

2. 課程導入設計

課程導入是影響培訓課程品質的重要因素，恰當的課程導入能起到啟動學員的思維、激發其學習熱情的效果。

⑴ 課程導入內容選擇

導入內容選擇應注意以下 4 大標準。

①引起學員對課程內容的興趣。

②與學員建立信任和友好的關係。

③將學員的注意力集中到授課內容上。

④預告主題包括事件、問題、事實、現象和數據。

⑵ 課程導入設計方法

課程導入設計需要根據培訓課程的特點選擇導入方法。一般常用的課程導入設計方法有 7 種。

心得欄

表 19-1 課程導入設計方法表

課程導入設計方法名稱	課程導入設計方法說明
憶舊引新導入	以學員已有知識為基礎，引導他們溫故而知新，通過提問、練習等，找到新舊知識的聯繫點，然後從已有知識自然過渡到新知識
設疑導入	該方法是根據課程要講授的內容，向學員提出有關的問題，以激發他們的求知慾
開門見山導入	在培訓開始時，培訓師先列舉出課程要達到的課程目標和要求，以求得到培訓對象的配合與支持
討論導入	即培訓課程一開始，培訓師就組織學員對課程所涉及的重要問題進行討論，這種方法能啟發學員的思維，集中他們的注意力
遊戲導入	在培訓課程一開始，培訓師先組織培訓對象做遊戲，然後再導入對新知識的學習。這種方法可以激發學員參與培訓課程的熱情
案例導入	在培訓課程一開始，培訓師通過引用一個現實案例導入所要培訓的課程內容。這種方法可以增加學員的學習興趣
影片或錄影導入	在培訓課程一開始，培訓師讓學員觀看影片或錄影，從而導入所要培訓的課程內容。這種方法能夠集中學員的注意力

◎避免緊張

緊張是培訓師面臨的普遍問題，但是多數情況下，緊張是可以

控制的。

如果您在培訓時存在下列表現時，那麼你就需要採取措施以免緊張。

心跳加快、口乾舌燥、手發抖、腿發軟、心神不寧、手心出汗、不敢正視學員、詞不達意、盼望結束、大腦空白。

導致緊張的原因包括準備不足、經驗缺乏、害怕場面難以控制、害怕別人不認可、害怕出錯和期望過高、自信心不足以及身體原因等。

避免緊張的基本原則就是「缺什麼，補什麼」，即什麼原因造成了緊張，就從相關方面入手，消除造成緊張的原因，從而消除緊張。以下是避免緊張的有效方法。

(1)適時播放音樂

為了營造輕鬆的培訓氣氛，在培訓開始前、培訓休息時以及其他的空閒時間播放輕鬆的音樂，包括古典音樂或流行音樂等。播放音樂主要解決的是自信心不足和害怕場面控制不力等產生的緊張。

(2)與學員適當寒暄

在培訓開始前，培就師應多與學員進行交流；若只是坐在講台上，會使課堂形成一種壓抑的氣氛。

(3)做好充分準備

準備充足能夠消除不確定因素，增強授課信息，是消除緊張的基礎性工作。做好充分的準備包括兩方面的工作：

一方面是課程內容的充分準備；另一方面是為了課程講授而進行的包括用具、材料等的充分準備。培訓師掌握的培訓信息越多，則自信心越強，從而使自己放鬆下來。

◎打破堅冰

打破堅冰是營造培訓師和學員之間良好的互動氣氛的基礎。一般而言，培訓師在培訓課程開場時，需要採取破冰行為以活躍氣氛、改善授課效果、提高學員的積極性。

有效的破冰技巧包括下列的 3 大方面。

(1)說話和介紹

在學員人數較少時，可以通過與每一位學員進行談話來打破堅冰。在學員人數比較多時，應在開場安排配對、分組進行討論和相互介紹的活動，以緩和氣氛。

(2)故事和現象

在培訓時間較短的情況下，可以通過使用與培訓主題相關的故事、現象等引導學員產生興趣，從而改善授課品質。

(3)遊戲和模仿

遊戲和類比能夠將學員注意力引導至授課內容上來，並提高他們的學習興趣和對授課討論參與的積極性。

◎有效點評

點評的作用在於解剖理論與實踐之間的關鍵接點，開啟學員發現與解決問題的思路，引導學員探詢有效行為的改善路徑。

恰當的點評應避免使用空洞的說教，應注重引導，採取「如果……那麼」邏輯引導模式。可參考下列使用的點評語言：

「我們應該……」、「我告訴大家……」、「我認為……」「如果……」、「是否……」、「還可能是……」

◎表達技巧

開玩笑時要掌握尺度，最好對學員特點比較瞭解；別自以為是，給人一種高高在上的感覺；別小瞧別人；體態語言會影響語氣，應使用恰當的體態語言；多使用讚美的語言，少使用抨擊、批評的語言。

◎避免尷尬

表 19-2　尷尬的表現和對策

表現	對策
學員對某一問題窮追不捨，而培訓師卻對相關內容知之不多	表示肯定的同時，岔開話題如：「這位學員對問題的認真程度值得大家學習，但受培訓時間所限，我們私下對這個問題進行探討，你看可以嗎？」 通過舉例或趣事巧妙結束這一話題
培訓師在授課時受到外界影響突然遺忘或卡殼	借助手勢或表情表達自己的意思 巧用提問將難題推給學員從而為自己贏得緩衝時間 通過在白板或黑板上寫板書為自己贏得時間
儀容儀表出現不當並被學員品頭論足	打開天窗說亮話，主動向學員道歉 通過活動、遊戲或其他方式儘快轉移學員的注意力

◎傾聽

　　一般人傾聽的目的是為了準備回覆。在對方說話時，我們也在說話或者準備說話。我們對他人的理解是通過自己的角度來衡量的。

　　傾聽不僅是耳朵能聽到相應的聲音，傾聽還需要通過面部表情、肢體的語言，還有用語言來回應對方，傳遞給對方一種你很想聽他說話的信息。因此，傾聽是一種情感活動，在傾聽時應該給客戶充分的尊重。

表 19-3　有效傾聽和無效傾聽的比較

傾聽方式	傾聽效果說明
有效傾聽	不打斷對方談話，不輕易下結論 把握對方談話重點，聽出對方的弦外之音 觀察對方的感情流露及形體語言 重覆對方所述內容，確保理解準確 肯定對方談話價值，適時表達自己的意見 恰當的輔助表情和肢體語言 有效控制自己的情緒和態度 不讓自己的嗜好和偏愛影響回饋的客觀性
無效傾聽	故意大驚小怪 聽而不聞或不聽 假裝聆聽或選擇性聆聽

◎回饋

有效回饋應該達到如下所示的要求。

表 19-4　有效回饋的要求

有效回饋要求	有效回饋要求可達到的效果
及時	越及時越有利於改進
具體而明確	回饋應該做到少而精
對事不對人	把注意力集中到行為和結果上，而非人身上
耐心	認識到每個人的學習步調是不一致的
學習第一	大家能夠從錯誤中吸取經驗教訓，所以出錯不是壞事
雙向交流，共同進步	捍衛學員的說話權利，絕不弄一言堂
保持限度	信息量不應超出對方能加以吸收和利用的範圍

◎把握身體語言

身體語言是相對於口頭語言和書面語而言的，恰當地使用身體語言能夠幫助學員理解授課內容，增強授課的生動性，能夠有效防止學員產生倦怠情緒。

身體語言包括身體姿勢、手勢等。

1. 恰當的身體姿勢

身體姿勢包括站姿、坐姿和走姿等，各種身體姿勢均應恰當表現。

表 19-5　身體姿勢表現形式

身體姿勢	身體姿勢說明
站姿	站直，將體重分配在兩條腿上；雙腳分開，基本上與肩同寬；腰部挺直，略向前傾 雙手放在口袋外，手掌張開，手心向上，高度與腰身齊平
坐姿	頭正身直，雙腳平行著地，略分開不超過一隻腳長，手放在桌面上
走姿	踱步慢行，動作自然，重心均衡

2. 恰當的手勢

手勢及其所表達的含義如下所示。

表 19-6　手勢種類及其含義

手勢各類	手勢含義
交流	雙手前伸，掌心向上
拒絕	掌心向下，雙臂作交叉橫掃狀
區分	單手掌側立，做切分狀
警示	掌心向外，雙手指尖朝上，向斜上方舉起
指明	用掌或手指，指向學員時，應儘量用手掌
號召	雙手手臂平舉，手掌向內揮動
激情	拳頭，向上揮動
決斷	拳頭，向下揮動

3. 使用身體語言的要求

　　培訓師在使用身體語言開展教學時，在採用正確的身體語言姿勢時，還必須注意應符合以下 4 個要求。

(1) 自 然

身體語言的使用應因情而至，自然大方。不矯揉造作、故作姿態，能給學員一種賞心悅目的感覺。

(2) 得 體

身體語言的使用，應與授課環境、培訓師年齡和身份等相符。

(3) 適 度

指運用的幅度、力度、效率要輔助表達語言，力度要適中，不要過於繁雜。

(4) 協 調

身體語言的使用要與表達語言的內容、語調、響度、節奏相協調，與培訓師和學員的心態、情感相吻合，避免與特定語境和交流目的發生衝突。

◎巧妙提問應答

1. 提問的作用

授課過程中針對以下 7 種情形，可以使用提問的形式予以解決。

(1). 使沉默的人發言

(2). 帶動經驗闡述和分享

(3) 提出尚未討論的要點

(4) 使討論維持在同一焦點上

(5) 提醒學員注意資料來源

(6) 防止個別人「壟斷」發言機會

⑺引導結束某 1 項議題的討論

2. 提問的種類和方式

不同情形應採取不同的提問方式，提問方式有：

⑴邏輯型問題

「今天我們所要瞭解的這款產品的生產工序有那些？」

⑵創建型問題

「我們在推銷這款產品時，如果顧客對我們的功能持懷疑態度怎麼辦？」

⑶感覺、記憶、印象型問題

「當你面對這類問題時，你通常會想到用什麼方法來解決？」

在授課過程中，採用啟發式的提問方式能夠對學員的思維進行引導，起到良好的溝通作用。

表 19-7　啟發式提問的類型

提問類型	提問說明
提示性問題	作用：幫助學員深入思考問題 提問方式：採用正面措辭和中性口吻，避免採用負面詞語與逼迫、強加的口氣 提問舉例：「怎麼樣才能達到那種目的？」或「如果……然後又能怎麼樣？」
覆述性問題	作用：這種問題主要通過用不同的話覆述學員的陳述，以便確保你理解學員所說的話的本意，並鼓勵學生作出說明 提問舉例：「你是說……嗎？」或「你的意思是……對嗎？」

3. 回答問題的步驟

回答學員問題的步驟主要分為 6 步：

①接納學員的問題

②肯定學員的態度

③判斷學員的情緒

④區分學員的類型

⑤回答學員的疑問

⑥再次回應學員

◎對付難纏的學員

培訓師在授課過程中難免會遇到一些難纏的學員，如果處理不好，將直接影響培訓效果，並給授課帶來壓力。

培訓師在面對難纏學員時，可做到以下方面：

(1)做好心理準備。將其看做是授課過程中不可避免的一部份。

(2)避免失態。要保持培訓師的素養，不可對學員大喊大叫或嚴詞指責。

(3)尋求幫助。通過徵詢其他學員的意見和看法，向難纏學員施加壓力。

(4)真誠面對。客觀闡述自己的觀點，對自己的行為和授課方式進行合理解釋和說明，取得大家的理解和認可。

◎組織討論和活動

討論和活動是培訓互動的重要組成部份。

1. 組織討論

在組織討論時，應注意下列的 6 大事項。

(1)發起和刺激學員進行討論

(2)允許有多種答案,以表達多種觀點

(3)及時制止無關的談話

(4)推動討論圍繞培訓主題開展

(5)讓沉默的人加入到討論中來

(6)提高學員參與討論的責任感

2. 組織活動

培訓師在組織開展活動時,應遵循以下 4 個步驟。

(1)對複雜的活動進行事先預演。

(2)活動開始前向學員解釋活動的性質和目的,重點表明對學員有什麼啟示或幫助。

(3)交代活動的過程及參加者的任務,明確時間、地點、參加人員、如何參加等要素。

(4)活動開始前詢問學員是否真正明白了要做的內容。

◎牢記授課六禁忌

培訓師在授課過程中需避免以下的這些行為的出現,以免給學員帶來反感或影響培訓師的形象和培訓效果。

· 用手或教鞭指點學員

· 避免臉部小動作

· 不可抖動腿部

· 注意手不要隨意亂動

· 不要突然走近學員

· 授課時擋住投影儀或黑白板

◎自如收尾

　　一個好的課程收尾與好的課程導入同樣重要，好的課程收尾可以達到加強學員記憶、激起學員的贊同和熱情、激勵學員按照所學內容去行動的目的。大多數培訓師習慣使用總結性收尾，這種收尾方式的主要為：

　　總結：帶領培訓對象回顧所講授課程內容，並同授課目標進行比較。（該過程可借助 PPT 進行演示）

　　詢問學員的意見和想法：徵求學員對課程講授內容的意見和想法，並對學員的想法和意見進行補充說明。

　　進行課程授課內容應用說明：對學員課後課程授課內容的應用提出指導性意見和注意事項，並解答學員如何應用的疑問。

　　詢問培訓對象對授課過程的滿意度：瞭解學員對本課程授課的總體滿意程度，若有必要，可讓學員填寫課程評估問卷。

　　真誠地表達感謝：對參加本次課程學習的學員表示感謝，並明確表達自己通過與學員的交流受益匪淺，最後表達對學員的衷心祝福。

　　培訓師在使用總結性收尾方式的基礎上，也可以配合多種生動有特色的收尾方式。

　　培訓師在收尾時，應避免以下 5 種不當的結尾方式：驟然變調、文不對題、負面收結、突然停止、將結不結。

表 19-8　收尾方式匯總表

收尾方式	收尾方式說明	實例
宣導型	宣導型收尾方式使用的目的就是鼓勵學員採取積極的行動去達成培訓目標，讓其帶著高漲的行動熱情離開	「讓我們牢記自己的社會責任，公司的服務理念，從一點一點的工作細節做起，以不懈的努力贏得客戶的信賴和訂單」
展望型	展望型收尾方式，鼓舞學員對前景充滿信心，並能夠用美好的前景鼓舞自己努力達成培訓目標	「公司的明天掌握在我們的手中，今天我們的努力，換來的必將是明天公司的輝煌」
引用典故故事型	引用典故、故事型的收尾往往能夠引發學員的思考，同時增加生動性、趣味性，容易被人理解和記憶	「讓我們牢記：不想當將軍的士兵就不是好士兵」

心得欄 _____

_____

_____

_____

_____

_____

20

公司內部講師選評方式

◎內部講師報名選拔工具

1. 內部講師推薦表

表 20-1　內部講師推薦表

填表日期：＿＿年＿＿月＿＿日

姓名		部門		崗位	
學歷		專業		授課方向	
特長描述					
授課經歷					
參加培訓經歷					
個人自薦理由					
部門推薦意見					
個人簽名			部門負責人簽名		
培訓部審核意見					

2.內部講師資格初審表

表 20-2　內部講師資格初審表

姓名		性別		出生年月	
學歷		參加工作時間			
教育經歷 （畢業院校、專業及時間）		1. 2. 3. 　　　　　（按學歷級別從高往低填寫）			
技術職稱		技術職務 及等級			
現任崗位		入職年限			
申請級別		所授課程			
工作簡歷					
部門意見			簽章： 日期：		
初審意見			簽章： 日期：		

3.內部講師資格評審表

表 20-3　內部講師資格評審表

姓名		工作部門	
授課名稱			
課程內容概要			
評審小組意見	簽章： 日期：		
公司審批意見	簽章： 日期：		
備註			

◎內部專職講師評估工具

1.內部專職講師評估表（學員填寫）

通過瞭解學員對內部專職講師的感受，可以比較準確地評估內部專職講師的授課效果。

表 20-4　內部專職講師評估表(學員填寫)

感謝各位經理們在百忙之中參加本次評估,為改善和提高培訓講師的授課

效果,請如實填寫對下列問題的意見:

課程名稱		課程時間	
培訓講師		培訓方式	

一、學員基本情況

姓名		工作崗位	
聯繫電話		工作年限	

二、內部專職講師評估項目(在相應選項下的表格內打「√」)

評估項目	很滿意 (5分)	滿意 (4分)	一般 (3分)	不滿意 (2分)	極不滿意 (1分)
授課態度					
培訓課程講義的展示					
對課程重點內容的把握程度及總體內容的駕馭程度					
溝通技巧的掌握程度					
儀表儀容整潔得當					
激發學員興趣的程度					
課程時間的掌控程度					
培訓工具運用熟練程度					

三、本次培訓培訓講師給您留下的最深刻印象

四、您覺得培訓講師還有那些有待改進的地方

五、其他建議

2. 內部專職講師自我評估表（講師填寫）

表 20-5　內部專職講師自我評估表（講師填寫）

課程名稱		授課時間	
課程概要			
評估項目			
課程內容開發評估			
授課技巧評估			
授課工具使用評估			
語言表達方面評估			
行為舉止方面評估			

3. 授課效果評估表（培訓部填寫）

表 20-6　授課效果評估表（培訓部填寫）

序號	培訓項目	培訓時間	受訓單位	授課成績
1				
2				
3				
……				
評估效果	總體評價			
	內部講師資格評定			
培訓部意見				
培訓總監審核				
總經理審批				

4.內部兼職講師授課現場效果評估表

表 20-7　內部兼職講師授課現場效果評估表

培訓項目		培訓時間		培訓講師			

序號	培訓評估項目	評估分數					
		0分	1分	2分	3分	4分	5分
1	培訓課程整體滿意度						
2	培訓課程內容的實用性						
3	培訓課程內容的充實性						
4	培訓教材講義的編制情況						
5	課程規劃與進行方式						
6	內部兼職講師的專業程度						
7	內部兼職講師的解說能力						
8	內部兼職講師的教學熱情						
9	內部兼職講師的時間掌握						
10	內部兼職講師的課堂控制能力						
11	內部兼職講師的授課方法與形式						
12	內部兼職講師表達方式的生動性						
13	內部兼職講師引導學員進入角色的能力						
14	內部兼職講師激發學員積極性的能力						
15	內部兼職講師的應變能力						
16	內部兼職講師對培訓內容的掌握程度						
17	內部兼職講師對培訓內容感興趣程度						
18	本次培訓對工作起到指導作用的程度						
19	課程對學員的工作及成長的幫助程度						
20	本次培訓成功的程度						
備註	1.本次評估滿分為100分，共評估：20項，每項最高分為5分　2.在相應選項下的表格內打「√」						

21

內部講師管理工作執行

1. 目的

為規範本公司各部門內部講師的推薦管理工作，明確推薦的步驟及具體要求，特制定本控制流程。

2. 適用範圍

本控制流程適用於公司各部門講師的推薦。

3. 推薦原則與頻率

(1)公司各部門在推薦內部講師時應遵循「公正、公平、公開」原則。

(2)原則上公司各部門每年有兩次推薦內部講師的機會。

4. 召開部門講師推薦會議

部門經理接到培訓部下發的內部講師聘用通知書後，應組織相關人員召開部門講師推薦會議，明確部門講師推薦條件，確定出本部門所有符合要求的推薦候選人。

(1)候選人須在公司工作一年以上。

(2)候選人須在公司管理/業務管理/專業知識等方面具備較為豐富的經驗，同時具有較強的語言表達能力和感染力。

(3)具備較為豐富的工作經驗，工作業績突出。

(4)以上條件符合兩條(含)以上即可。

5. 進行評估結果排名

(1)部門經理組織對所有部門講師推薦候選人進行綜合評估,並將其排名。

(2)匯總所有候選人的得分,並從高到低進行排列。

部門講師推薦候選人評估內容

評估項目	評估標準
授課知識點掌握程度	□非常好　　□比較好　　□一般　　□較差　　□極差
語言表達能力	□非常好　　□比較好　　□一般　　□較差　　□極差
工作主動性和負責感	□非常好　　□比較好　　□一般　　□較差　　□極差
日常學習能力	□非常好　　□比較好　　□一般　　□較差　　□極差
儀表、儀態、儀容	□非常好　　□比較好　　□一般　　□較差　　□極差
備註	非常好——20分,比較好——15分,一般——12分,較差——8分,極差——5分

6. 確定部門講師推薦人選

(1)根據公司對各部門推薦人數的規定,確定最終的部門講師推薦人員。

(2)各部門需填寫「內部講師部門推薦表」並提交給培訓部。

內部講師部門推薦表

推薦部門(公章):　　　　　　　　　日期:＿＿年＿＿月＿＿日

被推薦人姓名		性別		出生年月		崗位	
入職時間		學歷		專業		授課方向	
具備何種技能							
專長和特點							
推薦理由				部門經理簽字:　　　　　日期:			
備註							

部門講師推薦流程

流程目的	1.明確部門講師推薦的步驟和要求		
	2.提高部門講師推薦的品質		
知識準備	1.熟悉部		
	2.瞭解部門講師推薦標準門講師推薦相關制度		
流程步驟		細化執行	關鍵點說明
1	發佈內部講師選聘通知	1 內部講師選聘通知書	關鍵點1： 　企業培訓部門依據內部講師隊伍建設要求，決定在企業內部選拔優秀員工擔任內部講師職務，並發佈內部講師選聘通知書，明確內部講師資格選聘要求與條件
2	召開部門講師推薦會議	2 部門講師推薦會議記錄、內部講師選拔要求	
3	明確部門講師推薦候選人	3 部門講師推薦候選人名單	關鍵點2： 　各部門接到內部講師選聘通知書後，組織召開部門講師推薦會議，研究討論本部門的推薦人員
4	進行評估結果排名	4 評估結果匯總表	
5	確定部門講師推薦人選	5 部門講師推薦人選名單	
6	填寫並提交內部講師部門推薦表	6 內部講師部門推薦表	關鍵點3： 　對本部門符合要求的員工進行綜合評估並排名
7	培訓部進行講師選拔	7 內部講師選拔要求、內部講師部門推薦表	關鍵點4： 　培訓部根據各部門推薦的人員數量、申報水準、企業的實際需求等情況，進行內部講師的選拔

22

內部培訓師試講規定

◎管理設計的內容

　　企業制定培訓講師訪談試講規定，有利於規範培訓部門在組織訪談和試講工作中的相關事宜，以篩選出優秀的培訓講師，保證培訓品質。培訓講師訪談試講制度主要規範了以下 3 個方面的問題。

　　問題 1：部份培訓講師個人形象不佳、職業素養不高，導致培訓學員對講師的認同度低，培訓效果不佳；

　　問題 2：部份培訓講師理論素養高，但教學經驗不足、指導方法不當，在具體培訓過程中只能從理論到理論，無法全面對培訓學員進行示範和指導；

　　問題 3：部份培訓講師對企業試講要求、試講流程不明確，導致培訓試講準備不充分，從而影響培訓講師選拔結果。

　　企業培訓講師訪談試講規定主要包括培訓講師訪談試講評估工作的管理部門、訪談事項、試講內容、試講評估等內容。

　　內容 1：明確訪談試講評估工作的管理部門，以確保培訓講師訪談試講評估工作的順利開展；

　　內容 2：明確規定訪談目的、訪談對象、訪談內容以及訪談過

程十應注意的事項，提高訪談工作的規範性；

內容 3：明確規定試講的對象、試講的日期和時間、試講的內容、試講的形式以及試講的流程等內容，指導試講工作高效實施；

內容 4：明確試講評估的人員、試講評估的內容以及評估結果的運用，以幫助企業及時改進試講評估工作中存在的問題。

◎制度範例的展示

第 1 條　目的

為確保培訓講師的培訓品質，規範培訓講師的訪談試講工作，特制定本規定。

第 2 條　權責部門

公司培訓部門全權負責培訓講師的訪談試講工作。

第 3 條　訪談目的

瞭解培訓講師的個人形象、職業素養，以及溝通表達能力。

第 4 條　訪談對象

培訓部門經過初步篩選確定的有合作意向的培訓講師。

第 5 條　訪談內容

訪談人員可以參照訪談表中的內容進行提問，瞭解培訓講師的口語表達能力、邏輯思維能力，以及其真實的授課水準。訪談內容如下所示。

1.培訓講師擅長的專業領域。

2.培訓講師的工作經歷和實戰經驗。

3.培訓講師目前講授的培訓課程。

4.培訓講師以往服務過的公司。

5.就培訓講師授課大綱中的某個問題進行提問,判斷培訓講師的反應能力以及他對課件的熟悉程度。

第 6 條 訪談人員在訪談過程中應詳細記錄訪談內容,並將訪談內容和相關培訓師資料整理歸檔。

第 7 條 試講目的評估候選培訓講師的授課水準,判斷其能否勝任將承擔的培訓課程。

第 8 條 試講對象

1.人選候選名單的培訓講師。

2.他人推薦的培訓講師。

3.其他需試講的人員。

第 9 條 聽課人員

培訓部門相關人員、受訓部門負責人、部份受訓學員,以及公司相關領導。

第 10 條 試講日期和時間

1.培訓部門統一安排試講日期後通知各候選培訓講師。

2.試講時間一般為 50 分鐘。

第 11 條 試講內容

由試講者自行選擇所要講授課程中的部份內容進行試講。

第 12 條 試講方式

1.試講者依據所要講授的課程內容自行選擇試講方式。

2.試講方式不得少於 3 種,且試講方式中至少包括案例分析、角色扮演、遊戲中的一種。

第 13 條 試講流程

1.培訓部設專人負責與試講者取得聯繫,並通知其試講時間和地點。試講者在試講前應向培訓部提交備課筆記或講稿。

2.培訓部負責組織成立試講評估小組,並邀請相關專家和受訓部門負責人、公司主管等參與試講評估工作。

3.培訓部門提前安排好授課場地,並準備好相關授課設施。

4.試講者進行試講,評估小組進行評估。

第 14 條　試講評估

評估小組一般可參照以下 5 點要求進行評估。

1.課件製作得當、授課內容安排緊湊、講課時間分配合理。

2.授課目標明確、重點突出、難點講解透徹。

3.基本概念表達準確、講課條理清晰。

4.授課方法運用恰當,能夠理論聯繫實際,案例生動貼切。

5.語言流暢、語速適中,課程生動形象、有吸引力。

6.現場掌控能力以及突發事件處理能力強,如處理學員提出的刁鑽問題等。

第 15 條　評估結果應用

培訓部將與試講評估結果為優秀的培訓講師簽定合作協定,將其納入公司的培訓師檔案,並與授課優秀的培訓講師簽定長期合作合約。

培訓講師試講評分表（一）

培訓講師姓名			授課方向		
試講題目			試講時間及地點		
評價內容模塊		評價內容細目		分值	應得分數
教學目標 25分	目的性	1. 教學目標明確規範，能與學員達成共識5分 2. 培訓教材選用得當5分		10分	
	科學性	3. 基本觀點表達準確5分 4. 內容充實、講解熟練、信息量大5分 5. 條理清楚、速度適宜，難點、重點突出5分		15分	
教學過程 26分	主體性	6. 以學員為主體，注重培訓方法的使用4分 7. 策略新穎、學員積極參與4分		8分	
	最優化	8. 精講善練、聯繫實際、方法得當5分 9. 教具、媒體使用熟練、恰當，效率高5分 10. 時間分配合理、節奏緊湊，按時上、下課4分 11. 組織形式生動合理，面向全體、氣氛活躍4分		18分	
教學素養 18分	基本素養	12. 衣著大方、態度親切自然6分 13. 使用普通話講解，語言清晰、準確、流暢、生動6分		12分	
	專業素養	14. 專業技巧熟練、書寫規範、板書設計合理6分		6分	
教學效果 26分	知識技能	15. 學員能掌握基本知識、技能4分 16. 聯繫實際、活用知識6分		10分	
	創造情感	17. 設置模仿情境、激發興趣、鼓勵探索和創新8分 18. 能夠與學員互助合作、課堂氣氛融洽8分		16分	
教學特色 5分	創新性	19. 在教學內容、策略、模式、媒體、方法等方面進行有效開發、改革和創新5分		5分	
總分					
評估小組綜合評價					

培訓小組負責人簽字：＿＿＿＿＿　　　培訓部經理簽字：＿＿＿＿＿

培訓講師試講評分表（二）

試講人姓名		試講時間		____年___月___日	
試講題目					
試講評估小組成員名單					
姓名	所屬部門	職位	姓名	所屬部門	職位
集體評議評語					
結論： 　　　　　　　　　　　評估小組組長簽名： 　　　　　　　　　　　日期：____年____月____日					
小組成員意見統計					
參加人數	試講情況表決結果				備註
	合格（人數）		不合格（人數）		

23

內部講師評選制度

◎內部講師的評選管理制度

第 1 條　目的

為了明確本公司內部講師評選範圍和評選標準，規範評選流程，提高內部講師評選品質，特制定本制度。

第 2 條　適用範圍

公司所有內部講師的評選工作，均依本制度執行。

第 3 條　評選範圍

在公司工作 2 年以上的正式員工。

第 4 條　評選原則

公司內部講師評選應遵守公正、公平、公開、合理和專業的原則。

第 5 條　評選方式

1. 部門推薦

公司培訓部制定「內部講師資格評選條件」發給有關部門，由各部門參照「內部講師資格評選條件」推薦講師候選人。

2. 自我推薦

感興趣的員工可以自我推薦，經初步審核合格後也可以作為內部講師候選人。

第 6 條　評選標準

1. 心態和興趣

具有積極的心態，對講課、演講具有濃厚的興趣。

2. 知識和能力

知識淵博，具有豐富的工作經驗和閱歷，具有良好的語言表達能力和較強的學習能力。

第 7 條　評選流程

內部講師申請表

申請人		所在部門	
入職時間		職務	
學歷		授課方向	
特長描述			
培訓經歷			
是否參加過與此類課程相關的培訓課程	□否		
	□是 課程名稱：		
是否參加過講師培訓課程	□否		
	□課程名稱：		
是否有相關授課經驗	□否		
	□是 課程名稱： 授課對象：		
審核意見			
個人自薦理由			
部門推薦意見			
培訓部意見			

1. 發佈公告

培訓部根據培訓工作的需要，在公司內部發佈某課程培訓講師的評選通知。通知中應說明基本的評選條件以及提交申請的方式和時間，並附上內部講師申請表。

2. 提交申請

符合條件的申請人，可由各部門經理推薦或自薦，填寫「內部講師申請表」，報公司培訓部進行初步審核。

3. 進行初步審核

培訓部進行初步審核，並要求申請人填寫「內部講師資格審查表」。

4. 參加培訓和輔導

經初步審核通過的人員需參加公司培訓部組織的相關培訓以獲得課程開場、主體展開和結尾、基本的課程設計、語言表達、現場控制等方面的專業知識與技巧。

內部講師資格審查表

姓名		工作年限		入職時間	
所在部門		崗位		職稱	
學歷		專業		授課方向	
相關經歷					
專業特長					
授課經驗					
參加培訓經歷					
備註					

（簽字前，請認真核對上述內容）

誠信承諾書

　　我保證所提供的上述信息真實、準確，並願意承擔由於上述信息虛假所帶來的一切責任和後果。

　　　　員工簽字：＿＿＿＿　日期：＿＿＿年＿＿月＿＿日

部門審核意見	部門蓋章：＿＿＿＿　經辦人簽字：＿＿＿ 日　　期：＿＿＿年＿＿＿月＿＿＿日
培訓部審核意見	部門蓋章：＿＿＿＿　經辦人簽字：＿＿＿ 日　　期：＿＿＿年＿＿＿月＿＿＿日

說明：請員工仔細核查上述信息，並列印留存一份，本表提交後不允許更改。

◎內部講師試講管理制度

第 1 條 為規範內部講師試講管理工作，明確試講要求、試講形式、試講時間和試講內容，確定試講評價等相關事宜，特制定本制度。

第 2 條 適用於公司所有內部講師的試講管理。

第 3 條 公司培訓部負責組織內部講師的試講工作，其他相關部門給予支援。

第 4 條 明確試講要求

1. 試講前要認真備課，熟悉講義，為試講做必要的準備和業務準備。

2. 試講時應嚴格按照正常培訓課程的要求進行，從容穩重、沉著冷靜，一切與正式培訓授課一樣。

3. 依據講義進行講解，重點突出、有條不紊，合理分配時間，注意前後環節的銜接，授課過程完整，並體現講與練的結合。

4. 通過試講瞭解自己的不足，並能夠找出原因，以便今後採取有效措施加強訓練，發揚長處，彌補不足。

第 5 條 選擇試講形式

1. 試講形式從不同角度可以有不同的分法：按試講人數和範圍劃分，可以分為個別試講和小組試講；按試講時間劃分，可以分為平時試講和集中試講；按試講場所劃分，可以分為課堂試講和現場試講。

2. 培訓部依據內部講師試講的要求以及公司的具體情況選擇

合適的試講形式。

第 6 條　確定試講時間

1. 每個試講人員一般需要準備 30 分鐘的試講內容。

2. 培訓部根據試講人數和講授課程的重要性確定每個人的試講時間。

第 7 條　明確試講內容

1. 試講內容為所需講授課程中的一部份。

2. 培訓部要做好協調工作，避免試講人出現相同的授課內容。

第 8 條　培訓部組織成立一個內部講師試講評價小組，培訓部經理任小組組長，成員包括受訓部門的負責人、部份受訓人員、培訓專家等。

第 9 條　明確試講評價要求

1. 實事求是，特別是對試講中存在的問題、不足之處要明確無誤地加以指正。

2. 評價時要多找原因，多提改進意見，明確試講人員具體的努力方向。

3. 評價時要排除各種干擾因素，如人際關係、個人興趣等，客觀地反映試講情況。

第 10 條　試講評價採用百分制，試講結束後，評價小組依據「內部講師試講評價表」中的各項評估內容進行打分。「內部講師試講評價表」。

內部講師試講評價表

試講者姓名		所在部門	
崗位		試講課程	
試講評價			
序號	評價內容	評價分數	
1	語音語調		
2	現場氣氛		
3	表達流暢性		
4	肢體語言		
5	目光交流		
6	形象儀表		
7	時間掌控		
8	內容充實度		
9	案例講解		
10	提問情況		
總分			

說明：每項滿分為 10 分，評價人員依據試講情況進行打分。

第 11 條　試講與評審

(1)成立講師評審小組

在公司中高層中選出有培訓經驗的若干人員組成評審小組，並選出一人擔任評審小組組長，負責評審小組的全面工作。培訓部負責輔助評審小組開展工作。

(2)明確評審人員職責

召開評審小組工作會議，確定各人員的工作職責，對評審過程中可能出現的問題進行商討，以文件的形式確認評審標準和評審細

則。

(3) 安排試講

給講課人員兩週準備時間，自擬題目，在指定日期進行 1 小時的試講。

(4) 進行評審

評審小組跟進試講的全過程，對講課人進行全面評價，並填寫「內部講師評價表」。

內部講師評價表

課程基本情況	課程名稱		課程時間	
授課內容評價	導入		素材	
	切題		案例	
	活動		收結	
	課堂氣氛		師生互動	
授課技巧評價	語言表達		肢體語言	
	時間掌握		技巧細節	
授課材料評價	幻燈配合		板書效果	

(5) 聘任決定

公司培訓部將申請人的綜合評審意見上報公司培訓總監審核，經公司總經理審批後，由培訓部向申請人發出是否給予聘任的決定。

24

內部講師聘用實施細則

◎管理設計的內容

　　內部講師聘用實施細則主要用於規範企業內部講師聘用實施管理工作，為企業內部優秀員工提供一個充分展示自己的平台，促進內部員工與企業共同成長、共同發展。內部講師聘用實施細則能夠幫助企業解決以下 4 個方面的問題。

　　問題 1：未明確規定由誰來負責和組織內部講師聘用工作，導致各部門互相推諉責任，從而影響內部講師的選拔效率；

　　問題 2：缺乏明確的選拔標準，影響內部講師聘用結果的準確性；

　　問題 3：選拔流程不規範，隨意性較大，從而影響內部講師聘用結果的公正性；

　　問題 4：評審項目和評審標準不全面，導致評選出來的內部講師無法完全勝任培訓工作。

　　企業設計內部講師聘用實施細則時，需要規範聘用管理職責和權限，統一選拔標準和條件，明確評審流程和方法，並制定科學、合理的評審項目體系，確保內部講師聘用順利進行。

內容 1：管理職責和權限。確定組織和評審部門，使內部講師聘用職責分工明確、合理；

內容 2：選拔標準和條件。明確內部講師的選拔標準和選拔條件，以便於企業內部各部門推薦候選人或員工自薦時具有統一的參照標準；

內容 3：評審流程和方法。通過規範內部講師評審流程、方法，確保內部講師聘用工作的公平、公正、公開；

內容 4：評審項目體系。制定科學、合理的評審項目體系，確保所選拔的內部講師能做到「人崗匹配」，以保證培訓效果。

◎制度範例的展示

第 1 條　目的

為了規範本公司內部講師聘用工作，明確評選範圍、評選標準、評選流程，提高公司內部講師水準，推進培訓品質，特制定本細則。

第 2 條　適用範圍

本細則適用於公司所有內部講師的聘用管理。

第 3 條　聘用原則

1. 能力與實績並重原則，既注重培訓效果，也提出培訓方法，強調能力與實績的匹配。

2. 一票否決原則，參與選聘人員如有偽造申報材料、謊報個人成果等弄虛作假行為，一經查實即實施「一票否決」，同時追究相關人員的責任。

3.違規無效原則,違反規定流程的講師推薦、評審與聘任視為無效。

第 4 條 內部講師任職資格條件

1.在公司工作滿一年以上。

2.工作認真、敬業,績效顯著。

3.對所從事的工作擁有較高的業務技能,且具有相當的理論水準。

4.具有較強的書面和口頭表達能力和一定的培訓演說能力。

第 5 條 組織管理職責

1.評審小組負責制定內部講師評審標準和評審細則、進行評審打分,並對評審過程中可能出現的問題進行商討和處理。

2.培訓部負責對各部門推薦的人選、個人自薦的人選等進行資格審查,並組織做好內部講師聘用工作。

第 6 條 發佈公告

1.培訓部根據培訓工作的需要在公司內部發佈某課程培訓講師的評選通知。

2.通知中應說明基本的參選資格以及提交申請的方式、時間、聯繫人等。

3.培訓部應在通知後附上「內部講師申請表」的下載或索取方式,以方便員工參選。

第 7 條 接受申請

1.符合條件且對內部講師這一職位感興趣的申請人可由各部門負責人推薦或自薦。

2.部門推薦時應認真填寫《內部講師申請表》,報公司培訓部

進行初步審核。

第 8 條　初步審核

1.在申請時間結束後，培訓部需對候選人進行初步審核。

2.培訓部在初步審核時應要求申請資料齊全的申請人填寫《內部講師資格審查表》；申請資料不齊全的申請人補全資料，並同時上交《內部講師資格審查表》。

第 9 條　參選人培訓和輔導

1.初步審核通過的人員需參加公司培訓部組織的相關培訓，以獲得培訓講師必備的部份知識和技能。

2.內部講師輔導課程應包括課程開場語設計、課程主體展開和結尾設計、基本的課程結構設計、語言表達技巧、現場氣氛控制等。

第 10 條　成立內部講師評審小組

1.培訓部需在公司中層主管中選出有培訓經驗的若干人員組成評審小組，並選出一人擔任評審小組組長，全面負責評審小組的工作。

2.培訓部負責輔助評審小組開展工作。

3.內部講師評審小組應及時確定各評審人員的工作職責，對評審過程中可能出現的問題進行商討，以文件的形式確認評審標準和評審細則。

第 11 條　安排試講

1.一般情況下,培訓部需在候選人培訓和輔導後留給講課人員兩週準備時間,自擬題目,在指定日期進行一小時的試講。

2.培訓部人員需提前安排好試講的時間、地點、參與人員等,並確認工作落實妥當。

第 12 條　評審流程

1.評審小組跟進試講的全過程，對講課人進行全面評價，並填寫《內部講師評價記錄表》，為每個候選人進行打分。

2.試講結束後，培訓部應按照各評審人員的打分情況去掉最高分和最低分，並取平均分作為候選人試講評審得分。

第 13 條　確定內部講師候選人名單

培訓部應將各候選人的試講得分情況進行排序，並從高到低進行排列，按照 1：1.2 的比例取排位靠前者作為內部講師候選人，並填寫綜合評審意見。

第 14 條　名單確認

1.公司培訓部需將候選人的綜合評審意見和上報公司人力資源總監審核。

2.人力資源總監應結合得分情況和綜合評審意見確定最終人選，經公司總經理審批後由培訓部向最終人選發出聘任通知。

內部講師評價記錄表

候選人		候選人編號		課程時間	
課程名稱		內容簡介			

考核項目	細項	評價	得分
授課內容	導入部份		
	切題性		
	內容易懂性		
	課程素材及案例		
	課程結構安排合理性		
授課內容	實用性及可操作性		
	內容新穎度		
	課程收尾		
授課技巧	課堂氣氛		
	語言表達		
	肢體語言		
	技巧使用		
	時間掌握		
	師生互動		
授課材料	幻燈配合		
	課程教材		
	板書效果		
課程效果	易掌握性		
	對實際工作的啟發度		
綜合得分			

評審老師：_____　　　日期：____年____月____日

內部講師選聘推薦表

填表日期：＿＿＿年＿＿＿月＿＿＿日

姓名		部門		工作部門	
學歷		專業		授課方向	
特長描述					
授課經歷					
參加培訓經歷					
個人自薦理由					
部門推薦意見					
個人簽名		部門經理簽名		培訓部審核意見	

內部講師評估鑑定表

個人信息					
姓名		性別		所在部門	
崗位		學歷		擔任課程名稱	
評估內容					
授課完成率	計劃授課時間		完成率＝實際授課時間÷計劃授課時間×100%		
	實際授課時間				
課程改善	課程改善目標				
	課程改善完成				
	課程改善評估	□非常好　□比較好　□一般　□較差　□極差			
學員滿意度評估	授課時間		滿意度評價		綜合滿意度
	授課時間		滿意度評價		
	授課時間		滿意度評價		
	……		滿意度評價		
評估鑑定	簽名： 日期：				

內部講師晉級評估表

填表日期：＿＿＿年＿＿＿月＿＿＿日

內部講師晉級申請（本人填寫）					
姓名		學歷		專業	
部門		職務		授課方向	
講師資格			聘用時間		
申請晉級	□一級講師　　□二級講師　　□三級講師				
授課科目	1. 2. 3.				
培訓記錄	1. 2. 3.				

內部講師晉級評估（培訓部填寫）					
序號	培訓課程	培訓時間	培訓對象	學員人次	授課成績
1					
2					
3					
…					
年新增核心課程數量					
年授課總課時					
年學員總人次					
評估結果	總體評估	1. 2. 3.			
	講師晉級評定				
培訓總監意見					
總經理意見					

內部講師評級登記表

姓名	級別	授課方向	新增授課數量	總課時	最低學員人次	申請級別	申請時間

25

內部講師的培訓重點

內部講師的培訓重點，可分為三個層面：課程開發、授課技巧和授課方法。

◎課程開發

對內部講師進行培訓時，首先要做的是培訓課程開發培訓，從而提高其開發培訓課程的品質。

1. 熟知課程開發要領

課程開發要領的主要作用是不斷提醒內部講師應注意的某些重要事項，使內部講師的教學能夠較好地符合培訓要求。課程開發

要領的主要內容如：

　　⑴你是否明白成人教育與學生在校上課的區別？

　　⑵你是否花了足夠的時間進行課程開發的準備？

　　⑶你是否在即將開發的課程中把要點列舉出來？

　　⑷你在課程中是否安排了受訓人員互相討論的環節？

　　⑸你是否已經清楚員工對培訓已瞭解的內容？

　　⑹課程開發期間，你是否考慮了受訓人員的培訓需求？

　　⑺在課程開發中，你是否安排了聽、看和動手的環節？

　　⑻在態度類課程開發中，你是否選取了與本組織或本行業相關的案例？

　　⑼在知識類課程開發中，你是否設計了知識競賽或課堂測試等內容？

　　⑽你是否把課程內容開發得非常詳細，沒有任何遺漏的內容和要點？

2. 熟悉課程開發類型

內部講師課程開發的類型主要包括以下 3 種。

知識傳授型課程、問題解決型課程、創造價值型課程。

3. 掌握課程開發流程

課程開發包括調查課程需求、制定課程大綱、準確各項課程資源、編寫課程資料、試講與課程評估、課程修訂與確認 6 個步驟。

(1)調查課程需求

工作事項包括確認問題、確認原因及解決方法、分析並確認技能標準、培訓對象技能評估與差距分析、確認培訓方向等。

⑵制定課程大綱

工作事項包括確定課程目標、確定課程內容、選擇培訓方法與技巧、確定培訓資源、編寫課程大綱等。

⑶製作課程資源

工作事項包括確認目標、制定幾種方案、評估並選擇、製作完成所需要的課程資料、試講或試用、修改確認等。

⑷編寫課程資料

課程資料主要包括課程大綱、練習手冊、演示文件、講師手冊、學員手冊、課程評估內容和評估方式等。

⑸試講和課程評估

①邀請相關專家和試聽學員進行評估；

②培訓課程結束後，收集全面回饋信息，匯總數據，提出改進意見。

⑹課程修訂與確認

①根據試講意見修改課程後確定；

②定期組織講師修正所講授的課程。

◎授課技巧

內部講師一般是組織內各部門的管理者、督導或資深員工，並非所有掌握了各自部門或崗位的專業技能和知識的人員也能同時掌握培訓的專業授課技巧。

1. 遵循授課原則

內部講師若能靈活運用授課原則，一定能夠迅速提高授課水

準。內部講師應遵循的 14 項基本授課原則為：

⑴幫助受訓人員看清自我實現的新的可能性；

⑵幫助受訓人員弄清他們自己改善行為的願望；

⑶幫助受訓人員診斷他們目前水準與願望之間的差距；

⑷幫助受訓人員明確因存在的差距而引起的生活中的問題；

⑸盡力在受訓人員中形成相互學習和相互幫助的氣氛；

⑹提供的知識、技能等資源應符合受訓人員的特定水準；

⑺幫助受訓人員將新學到的東西運用到自己的實踐當中；

⑻讓受訓人員參與制定共同接受的標準，以便用來測定完成目標的情況；

⑼幫助受訓人員根據標準來確定並運用自我評估的流程；

⑽幫助受訓人員利用討論、角色扮演等方法，將其經驗作為資源用於學習；

⑾應以相互探討的方式暴露自己的情感，並提供資源；

⑿與受訓人員一起確定學習目標，充分考慮學習者、機構、課程等的需要；

⒀幫助受訓人員組織起來(分組)，以便分擔共同探討過程中的責任；

⒁應尊重受訓人員的價值，尊重他們的感情和觀點。

2. 指導教學計劃的制訂

教學計劃應詳細描述內部講師用什麼方法來授課，用什麼方式來營造一種有利於成人學習的氣氛，用怎樣的技巧讓受訓人員積極參與計劃、學習和評價。教學計劃的主要內容有：

⑴如何介紹自己、描述職責，如何才能讓受訓人員獲得幫助；

(2)如何讓受訓人員相互瞭解各自的工作、經驗、資源和興趣；

(3)如何營造一種相互尊重、合作，而不是競爭的課堂氣氛；

(4)如何讓受訓人員瞭解影響課程目標的因素；

(5)如何幫助受訓人員承擔自己的責任；

(6)如何讓受訓人員熟悉可用來達成目標的資源；

(7)如何設計受訓人員在課餘時間參加的學習活動；

(8)如何幫助受訓人員根據自身需要和興趣設計學習目標；

(9)如何讓受訓人員診斷個人和集體的需要與興趣；

(10)如何幫助受訓人員知道自己的進步；

(11)希望培訓場所如何安排；

(12)課程中建議使用的學習方法；

(13)如何讓受訓人員使用這些學習方法；

(14)如何讓受訓人員瞭解課程計劃並明確他們的責任；

(15)如何把控課堂時間和課程進度；

(16)如何設計評價流程和評價工具，並在課程結束時幫助受訓人員評價成果。

3. 熟練掌握培訓過程

內部講師在進行培訓時，應熟練掌握培訓過程。培訓過程主要分為培訓前的準備、培訓中的記錄與回饋、培訓結束時的總結、培訓後的回顧 4 個階段，具體內容如下所示。

(1)培訓前的準備

培訓前，內部講師應分析受訓人員的特點，以預測課堂效果。內部講師根據事先瞭解或組織內部提供的信息，對受訓人員進行分類，如那些人員可能是表現優秀者、表現不佳者、潛在支持者或問

題製造者。通過分析，內部講師在培訓開始前就能夠胸有成竹，從而能夠深化和強化培訓效果。

課堂會呈現某些規律性的變化，所以內部講師要善於在課前積極準備。在此環節，內部講師可以借助「課堂效果及學員反應預測表」。

表 25-1　課堂效果及學員反應預測表

課程名稱		受訓人數			
學員平均資歷		最高學歷		最低學歷	
學員平均年齡		最大年齡		最小年齡	
接受過的培訓					
課堂上需要解決的問題					
可能要用到的案例					
可能要進行的活動					
可能要用到的故事					
可能要用到的視聽材料					
可能要用到的輔助工具					
可能會出現的提問					
可能會出現的意外情況					
可能的表現優秀者					
可能的表現不佳者					
可能的表現平庸者					
潛在的支持者					
潛在的問題製造者					

(2)培訓中的記錄與回饋

在培訓過程中，內部講師要認真做好隨堂記錄，把主要觀點、概念、活動、遊戲、故事、案例、表格和圖形等一一記錄下來，全程檢討培訓行為，不斷提升職業水準。

表 25-2　課程隨堂記錄表

單元時間及內容	主要觀點		活動	遊戲	故事	案例	輔助工具	
	概念	說法					表格	圖形

內部講師除了記錄培訓全過程，還要對課程全過程以及在課堂中的表現進行點評。

表 25-3　課堂點評表

課程名稱		內部講師	
課程導入			
課程切題			
課程素材			
課程案例			
活動			
收尾			
職業形象			
語言表達			
肢體動作			
課堂氣氛			
師生互動			
時間掌握			
技巧細節			
幻燈配合			
板書效果			

培訓中的回饋是很多內部講師容易忽略的環節。內部講師應聽取各種意見，以便繼續得到回饋。在認真聆聽時找出癥結所在，體會受訓人員的坦誠，以合適的方式表達意見，使他人能夠接受。

在提出回饋意見時，內部講師要做到：不評價、不重覆、不建議、不累積、不質疑，避免談無關的事情。在聽取回饋時，內部講師要做到：不解釋、不防衛、不低估，避免讚揚自己，不要期望受

訓人員能有效地給予回饋。

⑶培訓結束時的總結

培訓結束時，內部講師需要做培訓總結。培訓總結主要包括培訓師引導式總結和學員參與式總結兩種。培訓師引導式總結有利於學員在學習之後能夠及時整理內容與感受，但這種總結是單向的，學員有時候很難做到感同身受。

學員參與式總結是把學員發動起來，全體互動，產生共鳴。具體的操作方式是在課程結束時，全體學員每人做一個簡短的發言，發言內容主要包括以下 5 個方面：

①培訓中你收穫最大的 1 點是什麼？

②培訓中你印象最深的 1 句話？

③培訓中你印象最深的 1 個概念（觀點）？

④培訓中你解決了什麼？

⑤最重要的關鍵問題？

⑷培訓後的回顧

內部講師在培訓後一定要做總結，對照學員需求回顧在課堂上的表現，總結還可能做得更好的部份並整理，為以後的培訓提供幫助。

4.練習培訓輔助工具的使用

輔助工具主要是用來幫助受訓人員更快地學習，通常在培訓中使用或在課程結束後發給受訓人員，以幫助其更好地記住所學的內容。培訓輔助工具主要包括黑/白板、夾板、投影機、幻燈機、錄影機、磁帶、講義、圖片、產品說明書、操作手冊、員工手冊等。

(1)使用培訓輔助工具注意事項

內部講師要對員工進行有效培訓，就必須善於使用培訓輔助工具。在使用這些培訓輔助工具時應注意以下 7 個事項：

①上課之前應精心準備好培訓輔助工具；

②選擇最適當的時機使用這些輔助工具，以便取得最佳的效果；

③按時間順序排列培訓輔助工具，必要時標註序號或頁號；

④避免培訓輔助工具干擾受訓人員的注意力，用完後，應立即收起或拿走；

⑤運用輔助工具的數量要有一個度，並非越多越好，避免適得其反；

⑥培訓講義應留有空白，以便使受訓人員有空間做課程筆記；

⑦必須能夠熟練操作投影機、幻燈機等輔助儀器，並確保其無故障。

(2)板書要領

使用黑/白板時，一定要謹記：不要邊說邊寫。邊說邊寫是不禮貌的行為，因為在你身後的人可能聽不到你在說什麼。

(3)視覺教具

視覺教具一般是指投影儀、電視、錄影、幻燈機、懸掛式放映機等。在使用視覺工具時，應注意以下 8 個方面：

· 不要過度使用視覺教具

· 一個視覺教具強調一個關鍵點

· 後使用視覺教具圖形

· 注意顏色的搭配

- 多使用圖表資料
- 圖片或圖表製作要容易看懂
- 製作好視覺資料
- 不製作不必要的視覺教具

5. 掌握基本技巧和提升技巧

基本技巧和提升技巧的具體內容如：

(1) 基本技巧

- 閃亮開場技巧
- 克服講台恐懼技巧
- 激發學習慾望技巧
- 增強說服力技巧
- 臨場展現技巧
- 完美收尾技巧

(2) 提升技巧

- 靈活掌控學員技巧
- 現場感染力塑造技巧
- 困難局面應對技巧
- 有效溝通技巧
- 觸發學習技巧
- 個人風格塑造技巧

表 25-4 6 種基本技巧內容匯總表

授課基本技巧	具體內容	
閃亮開場技巧	開門見山	事實陳述
	故事導入	問題切入
	彼此交流	時事討論
	測試引入	遊戲導入
	幽默渲染	出其不意
克服講台恐懼技巧	剖析原因	正視緊張
	精神激勵	做運動操
	心理暗示	實戰演練
激發學習慾望技巧	挖掘需求	自我激勵
	壓力激勵	獎勵激勵
	幽默調劑	話語提醒
增強說服力技巧	先說服自己，不打無把握之仗	
	用工具說話，事實勝於雄辯	
	善於借用現場演示	
臨場展現技巧	口語表達流利	訓練音量與音調
	善用肢體語言	克服緊張情緒
	合理利用時間管理	充分展現自信
完美收尾技巧	要點回顧	故事啟發
	小組競賽	行動促進
	激勵號召	觸動情感

表 25-5　6 種提升技巧內容匯總表

授課提升技巧	具體內容	
靈活掌握學員技巧	察言觀色	有效提問
	高效傾聽	巧妙測試
現場感染力塑造技巧	言語自信準確	措辭簡潔專業
	巧用身體語言	增添聲音魅力
困難局面應對技巧	發錯材料、叫錯姓名時的應對	忘詞、回答不上問題的應對
	應付難纏學員的技巧	時間和場面失控的解決
	有效處理環境及設備的影響	
有效溝通技巧	觀察技巧	傾聽技巧
	澄清回饋技巧	引起共鳴技巧
觸發學習技巧	有效學習循環	瞭解學習風格
	掌握學習需求	克服學習障礙
個人風格塑技巧	分析瞭解自己	不盲目效仿他人
	挖掘自身潛力	做最好的自己

6.牢記 10 個提示

授課過程中應注意掌握的 10 個提示和應避免的 10 個誤區。

表 25-6　10 個提示和 10 個誤區

10個提示	10個誤區
牢記開場白和結論，不要看教案	僵硬的身體姿勢(雙手緊握著講台、雙手緊握在前等)
站在講台上要氣定神閑、有權威性	身體不停地搖晃
授課前暫停一會，眼光在學員身上巡視一遍	無目的地移動雙腳，走來走去
開始講課後目光對著學員中友善的面孔，始終保持微笑	不自主地敲擊講台
雙手的高度保持在腰間，手勢要自然，不可僵硬	盯著教案或天花板看
要面對學員，並和學員保持良好的視線接觸	手遮著嘴
適當的暫停，好讓學員消化聽到的內容	玩弄指揮棒或鉛筆
所講句子要短，一口氣說一句話	聲調平緩、單調、無強調感
敏銳觀察教學情境，適時做出改變	缺乏視線接觸或只做局部接觸
音調的高低要有變化，以突顯重點；重點的地方，說話速度要放慢	虛字詞語，如「呃」、「喔」、「嗯」、「哦」等不必要的口頭語

◎授課方法

1. 選擇授課方法應考慮的 5 個因素

內部講師在選擇授課方法時，應考慮以下 5 個因素：

(1)培訓目標：傳授知識，提升職業素養，提高專業技能；

(2)培訓內容：知識類、態度類、技能類；

(3)培訓講師：講師級別、授課水準、工作能力；

(4)培訓對象：人數、職位、經驗、資歷、能力、學歷；

(5)培訓環境與資源限制：時間經費。

2. 授課方法種類

授課方法是指交付給學員學習內容的策略，它直接影響培訓課程的效果。因此，選擇合適的授課方法非常重要。授課方法的種類有：

講授法、學習考察、角色扮演法、提問法、戶外訓練法、專家座談會、小組討論、研討法、現場參觀、案例分析法、腦力激盪法、遊戲模仿法、客座講解員、視聽法。

不同的授課方法應適用於不同的課程。

表 25-7　常用授課方法介紹及適用範圍

授課方法	介紹	適用範圍
講授法	又稱「課堂演講法」，通過語言表達的形式傳授知識、技能和態度，使抽象知識變得具體形象、淺顯易懂，是一次性傳播給眾多聽課者的培訓方法	適用於對企業一種新政策或新制度的介紹與演講、引進新設備或技術的普及講座等理論性內容培訓
研討法	研討培訓法是被廣泛使用的一種培訓方法，在培訓中起著很重要的作用。它著重於培養學員獨立鑽研的能力，允許學員提問、探討和爭辯，使其從培訓中獲益良多	適用於學員自信心強、自主和自控能力較高，管理方式比較寬鬆，擁有更多自由發揮空間的知識型內容的培訓
角色扮演法	1.設定一個最接近現在狀況的情景，指定學員扮演某種角色，借助角色的演練來理解角色的內容，從而提高主動面對現實和解決問題的能力 2.角色扮演法可以分為兩類：結構性的角色扮演、自發性角色扮演	1.適用於對實際操作人員或管理人員的培訓，主要運用於詢問、電話應對、銷售技術、業務會談等基本技能的學習和提高 2.適用於新員工、崗位輪換和職位晉級的員工的培訓
案例分析法	把實際工作中出現的問題作力案例向學員展示，提供大量背景材料，由學員依據背景材料來分析問題，提出解決問題的方法，從而培訓學員的分析能力、判斷能力、解決問題能力及執行業務能力	1.適用於新晉員工、管理者、經營幹部、後備人員等各級員工 2.適用於學習解決問題的技巧或教授解決問題的流程

續表

授課方法	介紹	適用範圍
戶外訓練	又稱拓展訓練，是一種讓學員在不同尋常的戶外環境下直接參與的一些精心設計的流程，從而自我發現、自我激勵，達到自我突破、自我昇華的新穎、有效的培訓方法	適用於提高個體的環境適應與發展能力，提高組織的環境適應與發展能力類型的培訓課程，從某種意義上說，就是生存訓練
遊戲模仿法	本身是一種娛樂活動，把遊戲引入到培訓活動中的目的，是使學員通過娛樂活動加強對知識、技能和態度的理解，加強溝通，加強競爭和團隊意識，激發人們的創新精神。所以，這是一種寓教於樂的培訓方法	遊戲模仿法的趣味性和挑戰性強，學員的參與程度高、互動性強，尤其適用於以溝通、人際關係及工作協調為主題的培訓課程
小組討論法	講師給出一定的主題背景，要求學員在規定時間內討論出某種結果的授課方法	適用於講師準備相當充分，要充分運用輔助資料，對環境要求較高的課程
視聽法	又稱「多媒體教學」，利用幻燈、電影、錄影、錄音、電腦等視聽教材與學員之間互動交流來刺激學員，使其在視覺、聽覺、觸覺上形成多方位的感受。從而使之產生體驗	適用於新晉員工培訓中，用於介紹企業概況、傳授技能等培訓內容，也可用於概念性知識的培訓

◎培訓管理

培訓部門是內部講師培訓管理的歸口部門。為了不斷提高內部講師的授課水準和培訓的品質，培訓部門需要對他們進行不定期的培訓。培訓部門根據培訓的內容設定培訓頻次。

1. 明確培訓內容

培訓部門依據內部講師在實施培訓的過程中需要扮演的 3 種角色設計培訓內容。內部講師角色定位如：

「編劇」設計課程、「導演」組織授課活動、「演員」課程講授。內部講師要扮演好「編」、「導」、「演」3 種角色。

表 25-8　內部講師需要掌握的內容

「編」的培訓內容	1.要對誰培訓，針對什麼實施培訓 2.培訓前、培訓中、培訓後的重點和難點 3.如何設計課程的5條線，包括時間線、內容線、方法線、情緒線、輔助線 　時間線，指課程的具體講授時間，如上午9：00〜10：00 　內容線，指授課的主題 　方法線，指授課所使用的案例、討論、角色扮演等方法 　情緒線，指授課是對動手、動腦程度的描述 　輔助線，指進行授課所使用的授課材料，如投影儀、白板等
「導」的培訓內容	1.可以採取的培訓方法，包括案例法、角色扮演法、小組討論法等 2.如何「破冰」 3.如何「控場」 4.如何「應變」 5.如何選擇培訓工具
「演」的培訓內容	1.打造形象，包括著裝、動作、語氣語調等 2.展示魅力，包括表情、眼神、動作、姿態、語言等 3.運用技巧，包括感情引導、理性分析、事實證明、巧妙導入和結尾等 4.借助工具，包括電子教案、投影儀等

2.進行培訓效果評估

(1)內部講師培訓效果評估表(培訓前)

這份評估表主要是用於幫助內部講師瞭解培訓開始之前的掌握程度。

表 25-9　內部講師培訓效果評估表(培訓前)

請您依據目前的實際情況，在適當的分值下打「√」

評估項目	完全不瞭解——完全瞭解									
	1	2	3	4	5	6	7	8	9	10
講師的角色和條件										
實施培訓的步驟										
講義設計應注意的要點										
多樣化培訓方法的運用										
塑造講師魅力的技巧										
聲音表達的正確方式										
運用非口語語言的表達技巧										
教學投影片製作要領的掌握程度										
處理現場質疑與異議的技巧										
意外事件的處理										

(2)內部講師培訓效果評估結果(培訓後)

評估結果的數據來源於「內部講師培訓效果評估表」。在培訓開始時實施前測，在培訓結束後、座談討論結束前實施後測。每次測驗時間各為 5 分鐘，由受訓講師自評評估表中各問題的瞭解程度。

表 25-10　內部講師培訓效果評估結果

序號	題目	前測平均值	後測平均值	前後差異
1	講師的角色和條件			
2	實施培訓的步驟			
3	講義設計應注意的要點			
4	多樣化培訓方法的運用			
5	塑造講師魅力的技巧			
6	聲音表達的正確方式			
7	運用非口語語言的表達技巧			
8	教學投影片製作要領的掌握程度			
9	處理現場質疑與異議的技巧			
10	意外事件的處理情況			
	總平均			

心得欄 -

- -

- -

- -

- -

- -

- -

26

如何協助內部講師開發課程

　　為提高內部講師素質，企業應不斷給內部講師進行課程開發、授課技巧、授課方法等方面的培訓。

(1)課程開發培訓

　　企業對內部講師進行培訓，首先做的是課程開發培訓，以提高其開發培訓課程的能力。課程開發培訓主要幫助內部講師熟知課程開發要領並掌握課程開發類型，主要內容為：

- 詳細瞭解成人培訓與在校學生上課之間的區別
- 要花足夠的時間進行課程開發的準備工作
- 在即將開發的課程中把要點一一列舉出來
- 在課程中應安排受訓人員互相討論的環節
- 掌握員工對培訓內容的瞭解程度
- 課程開發期間，應充分考慮受訓人員的培訓需求
- 在技能類課程開發中，應安排聽、看和動手的環節
- 在態度類課程開發中，應選取與本企業或本行業相關的案例
- 在知識類課程開發中，應設計知識競賽或課堂測試等內容
- 課程內容開發得盡可能週詳，不要有遺漏的內容和要點

⑵授課技巧培訓

企業內部講師一般包括企業內各部門的管理者、督導和資深員工，儘管他們掌握了各自部門或崗位的專業技能和知識，但是未必掌握培訓的專業授課技巧，基於此，內部講師授課技巧培訓主要包含6個方面。

- · 幫助內部講師掌握授課原則
- · 指導內部講師制訂教學計劃
- · 幫助內部講師把控培訓現場
- · 指導內部講師使用培訓輔助工具
- · 指導內部講師運用各種授課技巧
- · 幫助內部講師避開授課誤區

⑶授課方法培訓

授課方法是指向學員傳授學習內容的策略，它直接影響培訓課程的效果，因此選擇合適的授課方法非常重要。

表 26-1 企業常用授課方法介紹及其適用範圍

授課方法	介紹	適用範圍
講授法	講授法又稱「課堂演講法」,該方法通過語言表達的形式來傳授知識、技能和態度,使抽象的知識變得具體形象、淺顯易懂	1. 適用於對企業政策或新制度的介紹 2. 適用於對引進新設備或技術的介紹
研討法	研討法是一種被廣泛使用的培訓方法,在培訓中起著很重要的作用。它著重於培養學員獨立鑽研的能力,允許學員提問、探討和辯論,使其從培訓中獲益	1. 適用於自信心強、自主和自控能力較高的學員 2. 適用於在內容上有較大自由發揮空間的培訓
角色扮演法	1. 角色扮演法通過設定接近現實狀況的情景,指定學員扮演某種角色,借助角色的演練來理解角色的內容,提高面對現實的信心和解決問題的能力 角色扮演法可以分為兩類,即結構性的角色扮演和自發性的角色扮演	1. 適用於對實際操作人員或管理人員的培訓,側重電話應對、銷售技術、業務會談等基本技能的學習和提高 2. 適用於新員工及崗位輪換和職位晉級的員工
案例分析法	案例分析法是將實際工作中出現的問題作為案例,向學員展示真實的背景,提供大量背景材料,由學員依據背景材料來分析問題,提出解決問題的方法,從而提高自身的分析能力、判斷能力、解決問題能力及執行能力	1. 適用於新晉員工、管理者以及後備人員 2. 適用於問題解決技巧或解決問題的流程的培訓
戶外訓練法	戶外訓練法又稱「拓展訓練」,該方法通過讓學員在不同尋常的戶外環境下親身參與一些精心設計的流程,幫助學員實現從自我發現、自我激勵,到自我突破、自我昇華的轉變	1. 適用於環境適應能力提升的培訓 2. 適用於觀念轉變和思維創新的培訓

續表

遊戲 模仿法	遊戲模仿法是把遊戲引入到培訓活動中的一種「寓教於樂」的培訓方法，它通過讓學員參與遊戲娛樂活動，幫助學員加強對知識、技能和態度的理解，進而加強溝通，增強競爭意識和團隊意識，並激發學員的創新精神		適用於以溝通、人際關係及工作協調為主題的培訓內容
小組 討論法	小組討論法是一種講師給出一定的主題背景，要求學員在規定的時間內討論出某種結果的授課方法		適用於講師準備相當充分、輔助資料非常齊全、對環境要求較高的課程
視聽法	視聽法又稱「多媒體教學」，它利用幻燈、電影、錄影、錄音、電腦等視聽媒介與學員進行互動交流，刺激學員在視覺、聽覺、觸覺上形成多方位的感受，進而加深對問題的認識，產生改變的動力和決心		適用於新晉員工的培訓，用於介紹企業概況、傳授技能等培訓內容

　　培訓課程開發是指培訓組織在培訓課程設計和授課指導方面所做的一切工作，是一個可持續發展而且可以變通的過程。課程開發探討的是課程形成、實施、評價和改變課程的方式和方法，它是一項決定課程、改進課程的活動和過程。

　　課程開發是對課程的實質性結構、課程基本要素的性質，以及這些要素的組織形式或安排的設計。這些要素一般包括目標、內容、學習活動及評價流程。

(1)確定培訓課程目的

進行課程開發的目的是說明員工為什麼要進行培訓，因為只有明確培訓課程的目的，才能確定課程的目標、範圍、對象和內容。

(2)進行培訓需求分析

培訓需求分析是課程設計者開展培訓課程開發的第一步。培訓需求分析以滿足組織和組織成員的需要為出發點，對組織環境、個人和職務各個層面進行調查和分析，進而判斷出組織和個人是否存在培訓需求以及存在那些培訓需求。

(3)確定培訓課程目標

培訓課程目標是說明員工培訓應達到的標準。它根據培訓的目的，結合上述需求分析的情況，形成培訓課程目標。

(4)進行課程整體設計

課程整體設計是針對某一專題或某一類人的培訓需求所開發的課程架構。課程整體設計的任務包括確定費用、劃分課程單元、安排課程進度以及確定培訓場所等。

(5)進行課程單元設計

課程單元設計是在課程整體設計基礎上，具體確定每一單元的授課內容、授課方法和授課材料的過程。

課程單元設計的優劣直接影響培訓效果的好壞和學員對課程的評估等級。在培訓開展過程中，作為相對獨立的課程單元不應在時間上被分割開。

(6)階段性評價與修訂

在完成課程的單元設計後，需要對需求分析、課程目標、整體設計和單元設計進行階段性評價與修訂，以便為課程培訓的實施奠

定基礎。

⑺實施培訓課程

即使設計了好的培訓課程，也並不意味著培訓就能成功。如果在培訓實施階段缺乏適當的準備工作，也是難以達成培訓目標的。實施的準備工作主要包括培訓方法的選擇、培訓場所的選定、培訓技巧的利用以及適當地進行課程控制等方面。

在實施培訓過程中，掌握必要的培訓技巧能取得事半功倍的效果。

⑻進行課程總體評價

課程總體評價是在課程實施完畢後對課程全過程進行的總結和判斷，其目的在於確定培訓效果是否達到了預期的曰標，以及受訓學員對培訓效果的滿意程度。

心得欄 _
_ _
_ _
_ _
_ _
_ _

27

內部講師的培訓辦法

第 1 條　為了提高公司內部講師的授課水準與培訓效果，特制定本辦法。

第 2 條　本辦法適用於公司內部兼職講師和專職講師的培訓工作。

第 3 條　培訓部負責公司內部講師的培訓組織工作。

第 4 條　培訓部應依據內部講師的工作職責，選擇並確定培訓內容及培訓方式。內部講師的工作職責如下所示。

1. 參與課程的前期培訓需求調研，明確員工的培訓需求，向培訓部提供準確的員工培訓需求資料。

2. 開發所授課程，開發內容包括培訓標準教材、案例、PPT 課件、試卷及答案等。

3. 在培訓部的安排下，落實培訓計劃，講授培訓課程。

4. 負責培訓後的閱卷和後期跟進工作，以達到預定的培訓效果。

5. 負責參與公司年培訓總結工作，對培訓方法、課程內容等提出改進建議，協助培訓部完善內部培訓體系。

6. 積極學習，努力提高自身文化素質和綜合能力。

第 5 條　培訓部將向內部講師發放大量的培訓資料。

第 6 條　公司內部講師必須接受「培訓培訓師」的課程培訓，培訓部負責根據內部講師的發展情況篩選接受培訓的講師名單。

內部講師培訓內容和頻次一覽表

培訓項目	培訓內容	培訓頻次
課程內容 深化培訓	進行課程內容的設計與開發	每年兩次
講師素質 提高培訓	對講師進行素質提高的培訓	每年一次
講師 研討會	對課程內容改善、課程內容理解、講授技巧、講授存在的問題等進行探討，搜集現場案例等	每年一次
授課技巧 培訓	提高講師的授課技巧	每年至少一次

第 7 條　所有接受「培訓培訓師」培訓的內部講師在培訓後必須制訂行動改進計劃，改進自己在授課當中的不足之處，提高授課水準。

第 8 條　培訓部將每年組織一次全體內部講師的經驗分享與交流會，並聘請資深人員或外部專家進行指導。

第 9 條　內部講師可旁聽公司所有培訓課程，優先參加公司舉辦的與本職工作相關的各項培訓。

第 10 條　內部講師可申請參加與自身授課內容有關的外派培訓及參觀考察等活動。

第 11 條　公司鼓勵內部講師積極進行各種社會自修學習，不斷提高自身素質，豐富自身知識。

第 12 條　本辦法經總經理批准後生效，自頒佈日起執行。

第 13 條　本辦法的最終解釋權歸培訓部。

28

內部講師的培訓制度範例

◎管理設計的內容

內部講師培訓管理辦法主要對內部講師的培訓管理工作加以規範，幫助內部講師熟練掌握培訓講師應具備的知識、技能，快速實現從普通員工到培訓講師的角色轉變。內部講師培訓管理辦法能夠有效幫助企業解決以下 4 個方面的問題。

問題 1：培訓範圍有限，僅對新選聘的內部講師開設培訓課程，缺乏對具有一定授課經驗的培訓講師的提升類培訓課程；

問題 2：培訓內容設計不科學，不能緊密貼合內部講師下作的需要，對培訓結果和工作改進無提升與促進作用；

問題 3：培訓方式較為單一，僅採用講授的方式，無法有效激發內部講師參與培訓的積極性，最終影響培訓效果；

問題 4：無明確的培訓紀律規定，導致許多內部講師對參與培訓的重要性認識不足，從而採取各種辦法逃避培訓。

　　企業內部講師培訓管理辦法主要包括培訓範圍、培訓內容、培訓方法、培訓頻次、培訓紀律要求等內容。

　　內容 1：培訓範圍。通過擴大內部講師培訓的範圍不斷提升新任內部講師和已有授課經驗的內部講師的業務素質，確保培訓目標的達成；

　　內容 2：培訓內容。通過設計科學、合理的內部講師培訓內容，確保內部講師培訓能夠貼合培訓工作的需要，起到提升內部講師素質和技能的效果；

　　內容 3：培訓方法。明確內部講師培訓工作中可選擇的多種培訓方法，充分激發內部講師參與培訓的積極性；

　　內容 4：培訓頻次。明確內部講師培訓開展的頻次，以便於參與培訓的內部講師安排好工作時間，做好培訓準備；

　　內容 5：培訓紀律要求。明確規定各類違紀行為的處理辦法，確保內部講師遵守培訓紀律，提高培訓效果。

◎制度範例的展示

　　第 1 條　　目的
　　為了提高公司內部講師的知識水準、授課技能，保證培訓效果，依據公司相關制度，結合內部講師培訓工作的特點，特制定本辦法。
　　第 2 條　　適用範圍
　　本辦法適用於公司內部兼職講師和專職講師的培訓工作。
　　第 3 條　　職責劃分

1. 培訓部負責確定培訓內容、培訓方式，並組織做好內部講師組織管理工作。

2. 公司內部培訓講師需積極配合培訓部工作，認真接受培訓，努力提升業務水準。

第 4 條　對新任講師的培訓內容及頻次

培訓部需根據新任內部講師的特點為其設計培訓課程，具體可包括以下 3 種。

新任講師培訓內容和頻次一覽表

培訓項目	培訓內容	培訓頻次
講師基本技能培訓	講課颱風、身體語言、授課禮儀等	每批新任講師選拔通過後進行
課程設計技巧	如何編寫教案、如何設計開場白、如何收尾、如何合理安排課程內容和結構等	
基本技能提升技巧	如何帶動課堂氣氛、如何吸引學員興趣等	

第 5 條　培訓部對已有經驗講師的培訓內容如下所示。

已有經驗講師培訓內容和頻次一覽表

培訓項目	培訓內容	培訓頻次
課程內容深化培訓	如何將課程內容進行深化、如何安排授課內容結構	每年兩次
講師素質提高培訓	講師授課禮儀、授課肢體語言、如何提升課堂氣氛、如何加強與學員互動等	每年一次
授課技巧培訓	提高講師的授課技巧	每年至少一次

第 6 條　培訓方式

內部講師培訓根據培訓對象、培訓內容等情況的不同可採用課堂講授、研討會、案例研究、角色扮演、網路視頻等多種方式進行。

第 7 條　培訓講師來源

公司聘請在培訓領域具有較高水準和豐富實踐經驗的專家擔任培訓講師，以快速提高公司內部培訓講師的業務素質和授課水準。

第 8 條　其他提升或培訓途徑

1.培訓部每年組織一次全體內部講師的經驗分享與交流會，並聘請資深人員或外部專家進行指導。

2.公司鼓勵內部講師積極參加各種社會自修學習活動，不斷提高自身素質，豐富自身知識。

第 9 條　培訓考核

內部講師按規定修完全部培訓課程，經考核合格後由培訓部頒發結業證書。考核不過關者必須重新考核。未持有結業證書的內部講師暫停講授一切培訓課程。

第 10 條　培訓學習要求

1.所有接受培訓的內部講師在培訓前必須及時預習培訓內容。

2.所有接受培訓的內部講師均應在培訓中作好記錄，並與講授人員積極互動。

3.培訓後，接受培訓的內部講師必須制訂行動改進計劃，改進自己在授課中的不足之處，提高授課水準。

第 11 條　培訓紀律要求

參加培訓的內部講師有下列行為之一，公司可視情節嚴重程度

予以處分。

1.不服從公司培訓計劃安排的。

2.擅自不參加培訓學習的。

3.培訓期間違反公司規定造成惡劣社會影響的。

第 12 條　其他要求

1.在不影響正常工作的前提下,內部講師可申請參加與自身授課內容有關的外派培訓或參觀考察等活動。

2.在不影響正常工作的前提下,內部講師可旁聽公司所有培訓課程,優先參加公司舉辦的與本職工作相關的各項培訓。

內部講師培訓計劃表

編號:＿＿＿＿＿＿＿＿＿＿＿　　　日期:＿＿年＿＿月＿＿日

講師類型	參訓課程名稱	參訓人數	課時安排	培訓地點	培訓講師	備註說明
新任培訓講師						
已有經驗的講師						

內部講師培訓效果分析表

參訓講師：_____　參訓講師編號：_____　日期：___年__月__日

參訓課程			課程編號		課程類別	
課程時長			授課形式		課程對象	
參訓前	授課問題描述					
	問題原因分析					
	參訓改善 預期效果					
參訓後	授課問題 改善時長					
	改善方面					
	參訓後授課 效果分析					

內部講師參訓總結表

培訓項目				
項目名稱	開展日期	培訓課時	參訓講師類別	參訓講師人數
計劃實施項目				
實際實施項目				

培訓費用								
項目名稱	授課費		教材費		住宿費		其他費用	
	計劃	實際	計劃	實際	計劃	實際	計劃	實際

培訓效果評價	
參訓講師評價	簽字：_____　　日期：___年__月__日
培訓講師評價	簽字：_____　　日期：___年__月__日
培訓部評價	簽字：_____　　日期：___年__月__日

培訓改善建議
1.
2.

29

內部講師晉級管理辦法

◎管理設計的內容

企業建立內部講師晉級管理辦法，主要是為了規範內部講師晉級管理工作，構建良性循環的培訓講師團隊，確保公司培訓工作的有序開展。企業內部講師晉級管理辦法主要規範了以下 4 個方面的問題。

問題 1：內部講師晉級條件不明確，導致申報晉級的講師水準不一，嚴重影響講師晉級管理工作效率；

問題 2：內部講師晉級申報流程不規範，導致出現違規操作現象，無法保證內部講師晉級的公平性；

問題 3：內部講師晉級評審過程中「重培訓數量、輕培訓品質」，致使培訓品質得不到有效保證；

問題 4：不同級別的內部講師之間薪酬待遇差別過小，難以起到對內部講師的激勵作用，使得內部講師對晉升評級的積極性不高。

企業設計內部講師晉級管理辦法時，通常圍繞內部講師等級劃分、晉級申請條件、晉級評審流程，以及晉級後的待遇等內容展開。

內容 1：等級劃分。明確各級別的內部講師在培訓課時、工作能力等方面需要達到的最低標準，以保證申報人員的基本素質；

內容 2：晉級申請條件。明確規定各級別的內部講師申請晉級時需要滿足的基本條件，及早剔除不合格人員、提高評審工作效率；

內容 3：晉級評審流程。建立多級評審流程，有效防範弄虛作假行為，確保內部講師晉級管理的公平性；

內容 4：晉級後的待遇。明確規定各級別內部講師的培訓待遇和福利，增強內部講師對晉升管理工作的認識，促使其不斷提升個人素質和業務水準。

◎制度範例的展示

第 1 條　目的

為了規範內部講師晉級管理，明確內部講師晉級條件、評審流程等，充分激發內部講師工作的積極性，依據內部講師管理制度，結合晉級管理工作特點，特制定本辦法。

第 2 條　適用範圍

本辦法適用於本公司所有內部講師的晉級管理工作。

第 3 條　管理職責

1. 人力資源總監負責公司內部講師晉級人員名單的審批。

2. 評審小組負責對照評審標準對申報人員進行評審，並初步確定晉級人員名單。

3. 培訓部負責內部講師申報材料的初步審核、評審工作的組織管理、評審結果的報批與公佈等。

第 4 條　內部講師級別

公司內部講師分為 4 個級別，包括見習講師、初級講師、中級講師和高級講師。

第 5 條　見習講師

1.能力要求：具備某一專業領域的實踐經驗，善於總結並與他人分享。

2.工作年限要求：在本專業領域工作年限不低於兩年。

3.培訓課程類型：主要講授各部門的基層員工培訓課程。4.最低課時標準：不低於 10 小時/年。

第 6 條　初級講師

1.能力要求：具有豐富的實踐經驗和專業知識、技能，能夠指導員工工作，並幫助員工改善個人績效。

2.工作年限要求：在本專業領域工作年限不低於 3 年。

3.培訓課程類型：主要講授公司層面基礎類課程。

4.最低授課標準：不低於 30 小時/年。

第 7 條　中級講師

1.能力要求：在本專業領域具有相當影響力，能夠指導基層管理人員的工作，引導員工達成績效目標，為組織績效的提升提供有力支持；同時，還能夠有效指導初級講師提高授課技能。

2.工作年限要求：在本專業領域工作年限不低於 4 年。

3.培訓課程類型：講授專業性比較強的培訓課程。

4.最低授課標準：不低於 50 小時/年。

第 8 條　高級講師

1.能力要求：在長期的專業技術實踐和研究中形成獨到的理論

體系，能夠指導中層以上幹部的工作，並具有培訓教材的審核能力；同時，能夠指導中級講師提高授課技能。

2.工作年限要求：在本專業領域工作年限不低於五年。

3.培訓課程類型：講授專業性、創新性培訓課程。

4.最低授課標準：不低於 80 小時/年。

第 9 條 申請條件

1.達到對應級別講師的能力素質、工作年限等方面的要求。

2.在上述授課時數內課程的效果評估全部合格，最低得分不低於 60 分，平均得分不低於 80 分。

3.申請晉級人員還需具備以下條件：

⑴晉級初級，當年考核為合格等次以上；

⑵晉級中級，當年考核為優秀，或獲得公司「優秀培訓講師」稱號；

⑶晉級高級，連續兩年年考核為優秀，或連續兩年獲得公司「優秀培訓講師」稱號。

第 10 條 晉級基本要求

公司所有內部講師在提交晉級申請時只能申請較現有等級高一級的級別。

各級別內部講師晉級基本條件

等級	基本條件
見習講師	符合候選人標準，並取得內部講師資格證書
初級講師	具備見習講師資格，累計授課時數達到50小時
中級講師	具備初級講師資格，累計授課時數達到80小時
高級講師	具備中級講師資格，累計授課時數達到120小時

第 11 條　晉級評審流程

1.公司每年 11 月公佈本年內部講師晉級評審方案。

2.公司內部講師可根據本人條件，對照晉級申報條件和基本要求向培訓部提出書面晉級申請。

3.培訓部對照內部講師平時的授課記錄、效果評估記錄等材料初步審核申報人資格，並在公司內部集中公示 3 個工作日，接受其他人員的審閱、評議和舉報。

4.成立評審小組，對初審合格的申請人進行綜合考評，按照從高分到低分的順序擇優確定晉級內部講師名單。

5.評審結束後，晉級內部講師名單在本公司進行公示，5 日內無異議的報人力資源總監審批。

6.審批通過後，由主管部門為晉級人員辦理相關手續。

第 12 條　初次定級與破格晉級

為公司教育培訓做出過重大貢獻，在同業單位從事培訓工作 3 年以上，成績優異，雖不具備上述條件，亦可初次定級或破格申報初級講師或中級講師，定級與破格申請須報審公司培訓部。

第 13 條　晉級比例

公司內部各級講師晉級比例不得超過下列標準。

內部講師晉級比例限定表

晉級級別	晉級比例
見習培訓講師	無要求
初級培訓講師	不高於當年內部講師總人數的30%
中級培訓講師	不高於當年內部講師總人數的10%
高級培訓講師	不高於當年內部講師總人數的5%

第 14 條　晉級講師福利待遇

晉級講師自晉級生效日起按對應級別享受福利待遇。公司各級內部講師的薪酬標準如下：

1. 見習培訓講師：50 元/學時；

2. 初級培訓講師：150 元/學時；

3. 中級培訓講師：200 元/學時；

4. 高級培訓講師：300 元/學時。

內部講師晉級申報表

姓名		性別		出生年月	
學歷		畢業院校		專業	
所在單位		部門		崗位	
講師資格		申報時間			
申請等級	□初級講師　　□中級講師　　□高級講師				
特色培訓課	1. 2. 3.				
特長					
附表	1.培訓課程效果評估表 2.年考核記錄表 3.「優秀培訓講師」證書(原件)				
培訓部經理審核意見	簽名：＿＿＿日期：＿＿＿年＿＿＿月＿＿＿日				
人力資源總監審核意見	簽名：＿＿＿日期：＿＿＿年＿＿＿月＿＿＿日				

內部講師授課記錄表

姓名		學歷		專業	
所在單位		部門		崗位	
特色培訓課程					

授課記錄	編號	課程名	授課時間	學員數量	課程得分

30

評選優秀講師的年終考核細則

◎管理設計的內容

　　企業制定優秀培訓講師評選細則，可以規範優秀培訓講師評選過程，客觀、公正地評選出企業所需的優秀培訓講師。優秀培訓講師評選細則主要規範了如下 3 個方面的問題。

　　問題 1：企業缺乏明確的優秀培訓講師參選要求，導致報名參

選的培訓講師數量較多，培訓部工作量加大，工作效率降低；

問題 2：企業缺乏統一、有效的評選機制，導致所評選的優秀培訓講師水準不一，難以達到公平、公正的要求；

問題 3：企業針對優秀培訓講師的獎勵標準不明確或獎勵效果不強，導致評優工作激勵先進、鞭策後進的作用弱化。

企業設計優秀培訓講師評選細則時，至少應涵蓋優秀培訓講師的評選要求，評選時間、數量、頻次，評選材料，評選流程和獎勵辦法等內容。

內容 1：評選要求。制定優秀培訓講師評選的最低標準，確保參選的培訓講師各項基本條件達標，從而有效控制報名參選人數，提高培訓部評選工作的效率；

內容 2：評選時間、數量、頻次。明確優秀培訓講師的評選時間、數量、頻次，便於業務部門進行認真比較、衡量，推薦最優秀的培訓講師；

內容 3：評選材料。明確參選培訓講師應提交的各項報名材料，以便於培訓部通過基本材料完成對參訓講師的初步審核；

內容 4：評選流程。制定統一、規範的評選標準和流程等，確保整個評選過程公平、公正、公開；

內容 5：獎勵辦法。確定對優秀培訓講師的獎勵內容和獎勵辦法，強化對優秀培訓講師的激勵作用。

◎制度範例的展示

第 1 條　目的

為增強培訓講師工作的積極性，切實提高培訓講師隊伍的業務水準與培訓技能，保證培訓品質。依據公司相關制度，結合培訓講師評選下作特點，特制定本細則。

第 2 條　評選範圍

公司內部全職培訓講師、兼職培訓講師、外聘培訓講師等。

第 3 條　評選原則

1. 公開、公平、公正。

2. 按總積分高低確定優秀培訓講師人選。

3. 實行一票否決制，凡一項未達到評選要求者，取消其評優資格。

第 4 條　優秀培訓講師的基本要求

本公司所評選的優秀培訓講師必須滿足以下 5 點基本要求。

1. 熱愛培訓工作，具備基本的教導經驗及授課能力。

2. 熱愛本職工作，精通與本職工作相關的業務流程，具備相當的專業背景。

3. 具備較強的口頭表達能力和臨場控制能力。

4. 不遲到、不缺課、不私自縮短授課時間。

5. 在擔任培訓講師時和在本職工作崗位上無違規記錄。

第 5 條　優秀內部講師評選的其他要求

除滿足優秀培訓講師的基本要求外，公司評選的優秀內部講師

還應滿足下列要求。

1.累計授課時數不低於 30 課時。

2.所有培訓課程評估平均得分在 80 分以上，無培訓課程評分不及格。]

3.積極參加公司組織的各種教學教研活動，無故缺席次數為 0。

4.年病/事假天數不超過 15 天，無曠工、曠課情況發生。

第 6 條　優秀外聘講師參選的其他要求

除滿足優秀培訓講師的基本要求外，公司評選的優秀外聘講師還應滿足下列要求。

1.累計授課時數不低於 15 課時。

2.培訓課程平均評分達到 80 分以上。

3.無因個人或其他工作原因而影響培訓進度的情況出現。

第 7 條　評選組織管理部門

1.培訓部負責組織優秀培訓講師評選工作，並為優秀培訓講師頒發物質獎勵和證書。

2.各業務部門負責對培訓講師進行課程效果回饋、評分等，並對優秀講師進行提名。

第 8 條　優秀培訓講師評選時間、數量

1.公司優秀培訓講師每年評選一次，於每年 12 月 31 日之前完成。

2.公司每年設置優秀內部培訓講師五名、優秀外聘講師一名。

第 9 條　評選材料的提交

1.業務部門負責人填寫的《優秀培訓講師推薦表》或由講師個

人填寫的《優秀培訓講師自薦表》一式兩份(列印)。

2.本人述職報告 1 份(3000 字以內)。

3.相關部門或人員對其授課情況的鑑定材料、考核材料、評議材料等。

第 10 條　評選流程

1.培訓講師所在業務部門可進行優秀培訓講師提名,培訓講師也可進行自我推薦,並在 11 月下旬前將《備選人員名單》交至培訓部。

2.公司 12 月 1 日正式啟動優秀培訓講師評選工作,由培訓部發起投票、發放調查問卷、查閱培訓講師檔案,業務部門、培訓學員積極參與,確保培訓部在規定時間內完成評選所需資料、信息的收集工作。

3.培訓部做好數據統計和得分排列,並在 12 月 31 日之前確定《優秀培訓講師名單》。

4.培訓部將《優秀培訓講師名單》通過內部網公告或在公司公共區域張貼等形式進行公示,公示期限為十天,確認無異議後報總經理審核。

5.總經理審核通過後,公司對優秀培訓講師予以獎勵。

第 11 條　優秀培訓講師管理

公司評選的優秀培訓講師有下列情形之一的,報總經理批准後取消其優秀培訓講師稱號和有關待遇。

1.在評選優秀培訓講師過程中弄虛作假,不符合優秀培訓講師條件者。

2.被追究刑事責任者。

3. 在工作中因個人原因對公司造成重大損失或造成嚴重後果者。

4. 由於其他原因不符合公司優秀培訓講師標準者。

第 12 條　優秀培訓講師待遇

按公司規定的條件和流程評選出的優秀培訓講師由公司授予優秀培訓講師」稱號，頒發《優秀培訓講師證書》，並發放現金獎勵＿＿元。

優秀培訓講師推薦表

部門		部門負責人	
推薦人數		是否在部門內公示	
推薦講師 1			
講師姓名		性別	
文化程度		職位	
主講課程			
推薦理由 （1000字以內）	推薦理由： 推薦人簽字：＿＿＿＿＿＿　日期：＿＿年＿＿月＿＿日		
推薦講師2			
講師姓名		性別	
文化程度		職位	
主講課程			
推薦理由 （1000字以內）	推薦理由： 推薦人簽字：＿＿＿＿＿＿　日期：＿＿年＿＿月＿＿日		

優秀培訓講師自薦表

講師姓名		性別		文化程度	
職位		講師類別	□內部培訓講師　　□外部培訓講師		
主講培訓課程					
推薦理由 （1000字以內）	推薦理由： 　　　　　　　　　　個人簽字： 　　　　　　　　　　日期：＿＿＿年＿＿＿月＿＿＿日				
直接上級 審核意見	審核人簽字： 　　　　　　　　　　日期：＿＿＿年＿＿＿月＿＿＿日				
備註說明	1. 2.				

內部講師年終考核表

基本情況（講師填寫）					
姓名		學歷		專業	
所在部門		崗位		職稱	
講師資格			聘用時間		
教授課程	目前				
	意向				
年度總結					

培訓績效記錄					
序號	培訓項目	培訓時間	培訓對象	平均成績	
	（講師填寫）			（人力資源部填寫）	
1					
2					
3					
4					
年總體評價	評語				
	獎勵				
人力資源部經理意見			人力資源總監意見		

31

內部講師的管理辦法

第 1 條　為規範內部講師晉級管理工作，激發內部講師的工作積極性，特制定本辦法。

第 2 條　本辦法適用於公司所有內部講師的晉級管理。

第 3 條　公司培訓部負責內部講師的晉級管理工作。

第 4 條　公司內部講師分為四個級別，從助理講師開始逐級提升。

第 5 條　公司內部講師四個級別的評級標準如下所示。

內部講師評級標準表

等級	等級標準	授課任務要求
助理講師	符合候選人標準，並取得內部講師資格證書	無要求
初級講師	具備助理講師資格，累計授課時數達到20小時	20小時/年
中級講師	具備初級講師資格，累計授課時數達到50小時	30小時/年
高級講師	具備中級講師資格，累計授課時數達到80小時	30小時/年

第 6 條　公司內部講師申請更高等級講師資格的基本條件如下所示。

1. 一年內的授課時數達到所申請講師等級的最低有效授課時

數要求,計算範圍限於公司委託講授的課程。

最低有效授課時數

現有級別	助理講師	初級講師	中級講師
申請級別	初級講師	中級講師	高級講師
最低有效授課時數	20小時/年	30小時/年	30小時/年

2. 在上述的授課時數內課程的效果評估得分平均達到 80 分以上,課程效果評估以講師結束整個培訓項目為單位進行。

3. 內部講師在申請更高等級時,必須具備更高等級的工作能力。各等級(助理講師除外)的工作能力及要求。

內部講師各等級工作能力及要求

內部講師等級	工作能力要求	要求
初級講師	英語水準	具備專業英語閱讀能力、基本翻譯能力
	電腦水準	能夠操作各種辦公軟體
	課程等級	講授的課程為基礎類課程
	課程及教材開發	把握學員需求,能夠整理開發出切合實際需要的教材
	業務指導能力	具備豐富的實踐經驗和掌握扎實的專業知識,能夠在實際工作中進行指導
中級講師	英語水準	具備英語四級同等水準,具備專業英語的聽、說、讀、寫能力,具備相關資料的翻譯能力,並能講授英文教材
	電腦水準	熟練操作各種辦公軟體
	課程等級	講授專業性比較強的課程
	課程及教材開發	能對培訓需求做深入分析和探討,能夠開發、改進切合實際需要的教材

續表

中級講師	業務指導能力	在公司範圍內的專業領域具有相當的影響力,並能夠指導初級講師提高授課技能
高級講師	英語水準	具有英語六級同等水準,具備專業英語的聽、說、讀、寫能力,具備相關資料翻譯能力,並能夠講授英文教材
	電腦水準	熟練操作各種辦公軟體
	課程等級	講授專業性比較強或新開發的課程
	課程及教材開發	能夠對培訓需求做精闢的分析和深層次的研究,具備相關專業的前沿技術和知識,具備專題課程及新課程的開發能力
	業務指導能力	在長期工作實踐和研究中形成獨到的理論體系,能夠指導實際工作,並能夠指導中級講師提高授課技能

第 7 條 內部講師晉級流程

1. 公司每年 11 月份開展內部講師晉級工作,滿足上述條件的內部講師可向培訓部提出申請,並填寫「內部講師晉級申報表」。

內部講師晉級申報表

姓名		學歷		專業	
所在單位		部門		崗位	
講師資格			申報時間		
申請等級	□初級講師　　□中級講師　　□高級講師				
授課項目	1. 2.				
培訓記錄	1. 2.				

2.培訓部將根據內部講師平時的授課效果審核其晉級資格。必要時培訓部可以聘請外部專家進行晉級審核。

3.培訓部組織培訓主管協助對內部講師的授課效果進行抽查，連續兩次抽查得分低於 80 分的講師將給予降一級的處分，經再次考核合格後方可恢復原級別。

32

內部講師的工作職責

第 1 章　總則

第 1 條　目的

為構建公司內部講師培訓隊伍，實現內部講師管理的正規化，幫助員工改善工作及提高績效，有效傳承公司相關技術和企業文化，特制定本辦法。

第 2 條　適用範圍

本辦法適用於公司各部門。

第 2 章　管理職責

第 3 條　培訓部為內部講師的歸口管理部門，負責講師的等級聘用、評審、制訂課程計劃及日常管理工作。

第 4 條　各部門培訓負責人協助培訓部管理內部講師，積極

開展內部授課;各部門應積極協助與支援內部講師的授課管理與培養工作。

第5條　內部講師的工作職責

1.根據公司培訓部的安排,開展相關內部培訓課程。

2.負責參與公司年培訓效果工作總結,對培訓方法、課程內容等提出改進建議,協助公司培訓主管完善公司培訓體系。

3.負責受訓人員的考勤和考核。

4.負責編寫或提供教材、教案。

5.負責制作受訓人員測試試卷及考後閱卷工作。

第3章　內部講師資格評審與聘用流程

第6條　內部講師的類別

1.內部講師分儲備講師和正式講師兩類。

2.內部講師除了可以獲得授課薪酬之外,還可以獲得公司組織的「講師培訓」(委外或外派)。

3.正式講師等級資格證書由培訓部頒發審核,總經理審批。

第7條　內部講師評選條件

1.具有認真負責的工作態度和高度的敬業精神,能在不影響工作的前提下積極配合培訓工作的開展。

2.在某一崗位專業技能上有較高的理論知識和實際工作經驗。

3.形象良好,有較強的語言表達能力。

4.具有編寫講義、教材、測試題的能力。

第8條　等級聘用

為了保證培訓效果並激勵講師授課水準的自我提升,講師採取按級付酬的方式。正式講師劃分為三個等級,等級按「培訓效果調

查表」得分標準聘用。

第 9 條 內部講師聘用流程

1.各部門推薦或個人自薦,部門經理審核,培訓部審批,審批後的講師將獲得儲備講師的資格。

2.培訓部與培訓主管部門會適當安排儲備講師授課。

3.培訓主管部門安排內部講師授課前應通知培訓部有關講師和課程安排事項,以便於培訓部對講師的授課情況進行跟蹤。

4.培訓部組織、培訓主管部門協助對儲備講師的授課效果進行抽查,對連續兩次抽查得分低於 60 分的講師,暫停安排授課,若因個人或組織需求,可按本規定重新申請。

5.各級講師均可以提出晉級申請,培訓部受理申請並組織晉級聘用,聘期 1 年。滿足以下標準可申請晉級聘用。

晉級聘用標準

級別	連續兩次考察授課均達到的評分標準	授課時數
三級講師	70～79 分	8 小時/年
二級講師	80～89 分	10 小時/年
一級講師	90～100 分	15 小時/年

6.培訓部組織、培訓主管部門協助對正式講師的授課效果進行抽查,連續兩次抽查得分低於本級標準得分下限的講師降一級,經再次考核得分高於本級標準得分上限的可恢復原級別。

第 10 條 公司鼓勵廣大員工積極參與內部講師聘用與晉級,內部講師業績作為其工作績效考核的參考依據之一。

第 4 章　　內部講師考核

第 11 條　　所有被列入正式內部講師名單的講師必須在 3 個月內完成一門正式培訓課程的授課任務，包括課題確定、教材開發、教案準備、正式授課等，由受訓人員對其進行授課效果的評估，並填寫「內部講師授課現場效果評估表」。

第 12 條　　內部講師應嚴格按培訓規範操作流程開展授課，同時課程需有相應記錄，包括培訓前需求調查表、內部講師授課現場效果評估表等課程相應的記錄，作為考核內部講師的標準之一。

第 13 條　　年中／年終考核

公司培訓部每年對內部講師進行兩次考核，考核安排在培訓部對公司中層以上人員績效考核時同時進行，採用「內部講師年中／年終考核表」。

第 14 條　　內部講師如果在一年之內有三次課程的現場效果評估低於 60 分，即被降為儲備講師。

第 15 條　　每年對表現優秀的講師（如能完成年授課時數規定的），且課程效果評估平均在 85 分以上的，由公司培訓部提名報總經理批准後，予以晉級和獎勵。

第 5 章　　內部講師培訓與激勵

第 16 條　　內部講師的培訓

為了提高培訓的成效，凡申請擔任正式講師的人員，經過資格初審後，需接受下列講師培訓課程。

1. 學習原理。

2. 成人學習特點。

3. 企業培訓與員工發展。

4.教材設計與製作。

5.培訓技能訓練。

6.外出專業培訓。

第 17 條　內部講師的激勵

1.內部講師的授課可享受授課津貼或帶薪調休的獎勵方式(不同時享受)，如果週六、週日授課直接領取講師課酬。

授課津貼和講義編制費標準

級別	授課津貼	講義編制費
一級講師	200 元/課時	300 元/門
二級講師	150 元/課時	200 元/門
三級講師	100 元/課時	150 元/門
儲備講師	50 元/課時	100 元/門

2.發放授課津貼的課程必須為培訓主管部門統一安排並經培訓主管部門考核合格的課程，以現金形式發放。

3.發放時間為課程後期跟蹤、總結完成後一個月內，由培訓主管部門覆核後報公司總經理審批、支付。

第 6 章　其他規定

第 18 條　講師出現下列情況之一的，取消講師資格。

1.除遇不可抗原因外，講師無故不參加授課者。

2.故意製造不良事件，或工作不負責任，以致培訓成效沒有達到要求。

3.年綜合考核分數最後一名者。

4.洩露公司機密，將培訓等資料對外洩露，或未經公司許可參

與同行業的培訓交流活動。

5.申請離職或辭職者。

第 19 條　講師檔案管理

1.通過公司綜合評審的候選人將由總經理親自頒發內部講師聘任證書，並在公司網站、OA 系統進行公佈，樹立內部講師的個人形象和品牌，增強內部講師的榮譽感。

2.正式聘任的內部講師將納入內部講師資料庫，享受相關待遇。

33

內部講師激勵機制

在具體選拔講師時，建議剛開始時把標準放寬一些，寬進而嚴出。例如培訓部讓大家報名當講師，公司一共有 3000 人，來的有 200 人，在這 200 人裏選，餘地就會大一些，而且這麼多人參與，必定有更多的人在觀望，也可以營造良好的氣氛。

被選為內部講師的，今後培訓部就可以對他們進行要求和管理，並給他們下培訓課時任務。沒有完成多少課程量，就淘汰出講師隊伍，講得好的可以晉級到更高級別。只有優勝劣汰的隊伍才能保持高水準，在競爭壓力下再加上適當的引導，熱愛培訓的局面就

可以形成。在這個人人奮勇、個個爭先的局面下，根據任職資格、素質模型，尤其是公司戰略，再規劃出對應職位和階段，以及目標導向的課程，搭起培訓體系的框架。

惠普公司的講師篩選體系中，最重要的是講師認證。所有講師上台開講前都要經過一次 2～3 小時的試講，現場聽課的同事、客戶進行打分和點評，如果評估分數達到要求，就可以上台講課，沒有通過，就要進行再次試講。要是高層試講沒有通過，不也很尷尬嗎？如此一來，也可以督促他們努力做好此事。

在內部培訓師的激勵機制上，有的企業側重物質激勵，包括專項津貼、補助，除此之外，還有外派培訓、職稱晉升、榮譽獎勵等方式。例如公司明文規定，內部培訓師在 8 小時工作時間以外可獲得 500 元/小時的課時津貼。公司在授課和課程開發的津貼之外，還有 1000 元的服飾補貼，並獎勵每年至少四次的外派培訓，費用根據培訓師等級從每次 3000 元到 6000 元不等。軟體公司則通過學員課後打分來評估講師，每月得分最高的講師成為當月「金牌講師」，公佈於其培訓網站，並在公司展示室懸掛「金牌講師牌匾」。

當然，有的企業為了敦促講師多講課，尤其是多學習，還把課程和講師、學員的職業生涯結合起來。在麥當勞大學，員工接受培訓後，老師蓋章證明你通過了培訓。而在漢堡大學，最長要 14 個月才能拿到培訓證書，而這個證書對員工升職，甚至是離職找工作都是有幫助的。其實在企業內部做講師，拿多少課酬是其次的，講師更多的是圖名，或圖教學的樂趣。惠普商學院除了付給講師課時費之外，更注重精神獎勵，例如組織講師參加各種培訓與論壇講座，在教師節時學院為講師準備禮物，給優秀講師張貼海報進行表

彰等。

　　簡單來說，選講師的面要廣一些，儘量利用選講師的機會提升培訓體系的影響力，然後靠領導帶動，並結合日常工作給他們好的精神和物質激勵，讓內部講師的教學熱情能夠延續下去才是最關鍵的。

34

公司內部講師激勵制度

◎內部講師獎勵辦法

　　第 1 條　　為了激發內部講師的積極性，提高培訓效果，特制定本辦法。

　　第 2 條　　本辦法適用於公司所有內部講師的獎勵管理。

　　第 3 條　　授課津貼獎勵。

1.內部講師的授課津貼標準如下所示。

內部講師授課津貼標準表

級別	津貼標準	
	工作時間	業餘時間
助理講師	150 元/課時	200 元/課時
初級講師	250 元/課時	350 元/課時
中級講師	600 元/課時	800 元/課時
高級講師	2000 元/課時	2500 元/課時

2.授課津貼只針對培訓部統一安排並考核合格的課程發放。津貼以現金形式發放，發放時間為課程後期跟蹤、總結完成後一個月內。

3.以下 4 種情況不發放授課津貼。

(1)各類部門會議、活動。

(2)公司管理層、部門經理等對下屬部門及本部門人員開展的例行的分享、交流、培訓活動等。

(3)試講以及其他非正式授課。

(4)工作職責內要求的授課。

4.對於無法界定是否發放講師授課津貼的課程，統一由公司培訓部最後界定。

5.各部門的授課津貼統一申報至培訓部，由培訓部覆核並報總經理審批後發放。

第 4 條　資料購置費、有薪休假和外部培訓等獎勵。

1.內部講師的資料購置費、有薪休假和外部培訓等獎勵的明確規定如下所示。

內部講師資料購置費、有薪休假和外派培訓獎勵標準

級別	獎勵標準		
	資料購置費	有薪休假	外派培訓
助理講師	1000 元/年	無	無
初級講師	5000 元/年	3 天/年	可申請參加與自身授課內容相同的外派培訓或參觀考察等活動，費用總額為每年15000 元
中級講師	10000 元/年	5 天/年	可申請參加與自身授課內容相同的外派培訓或參觀考察等活動，費用總額為每年20000 元
高級講師	20000 元/年	7 天/年	可申請參加與自身授課內容相同的外派培訓或參觀考察等活動，費用總額為每年17000 元

2.外派培訓所獲得的資料或證書需留存公司備案。

3.帶薪度假照常發放工資，但不報銷差旅費等。

4.購置的學習資料經公司備份後歸個人所有。

第 5 條　內部講師具有優先參加相關課程或外部培訓活動的權利。

第 6 條　內部講師授課的業績作為本人年業績考核和晉升的參考標準；同等條件下的薪資調整、評優、升職等機會也優先考慮內部講師。

第 7 條　按照公司配備手提電腦的相關規定，初級級別以上的內部講師經公司培訓部提名，總經理批准後，可以配置筆記本電腦一台。

第 8 條　因授課需要而發生的費用需提前報公司培訓部審批

後購買，具體內容如下所示。

1.未使用完的道具、小禮品等由公司行政部保管，以備下次使用。

2.課程需要的書籍、講義及教案等課程教材的所有權歸公司。

3.交通及住宿費用按公司出差規定執行。

第 9 條　公司每年進行一次優秀內部講師評選，對於表現優異的內部講師，公司授予「公司優秀內部講師」榮譽稱號並進行物質獎勵。

第 10 條　本辦法經總經理批准後生效，自頒佈之日起執行。

第 11 條　本辦法最終解釋權歸培訓部。

◎內部講師考核辦法

第 1 條　為了有效激勵內部講師的工作積極性和主動性，營造公平、有效的競爭環境，打造公平、合理的激勵體制，特制定本辦法。

第 2 條　本辦法適用於公司所有內部講師的考核管理。

第 3 條　考核要公平、公正、公開。

第 4 條　內部講師考核方式

1.培訓現場考核

培訓現場考核是指學員和培訓部對培訓項目的效果、教材設計、授課風格、學員收益等進行評估。

2.年終考核

年終考核是由培訓部對內部講師進行的年終綜合評定。對考核

結果不合格或者受到學員兩次以上重大投訴的內部講師，將取消其講師資格。

第 5 條　內部講師考核依據

對內部講師的考核依據主要包括學員滿意度和培訓部評價兩個方面。

1.學員滿意度是指內部講師授課結束後學員通過問卷評價表進行的評價。

2.培訓部評價的主要內容包括教學品質、教學效果、工作態度、授課技巧、課程內容的熟練程度等。

第 6 條　內部講師考核方法

內部講師考核方法一覽表

考核方式	考核內容	考核者	實施者	所用工具	考核時間
培訓項目考核	課程內容的熟練程度、授課技巧、課堂控制等	受訓人、培訓部門	培訓部	培訓項目評價問卷、培訓項目評價表	課程結束後一週內進行
年終考核	教學品質、教學效果、工作態度、授課技巧、課程內容開發等	培訓部門	培訓部	內部講師年終評價表、內部講師年考核表	年終進行一次

第 7 條　培訓部對內部講師的年授課績效進行年終綜合考核，培訓部填寫「內部講師年考核表」。

內部講師年終考核表

基本情況（講師填寫）					
姓名		學歷		專業	
所在部門		崗位		職稱	
講師資格			聘用時間		
教授課程	目前				
	意向				
年總結					

培訓績效記錄				
序號	培訓項目	培訓時間	培訓對象	平均成績
	（講師填寫）			（培訓部填寫）
1				
2				
3				
年總體評價	評語			
	獎勵			
培訓部經理意見			培訓總監意見	

第 8 條　對優秀講師的獎勵在年終績效考核中要予以體現。

1.內部講師每授課一次，年終績效考評總分加 0.5 分，最高加分不超過 2 分。

2.凡年終內部講師考核分為 90 分以上者，授予優秀內部講師獎章，年終績效考評總分加 2 分。

第 9 條　內部講師如在一年內有五次課程的現場評估考核低於 75 分，或內部講師年終考核分低於 75 分，要給予降級處分，初級講師將被解聘，待進一步培訓後再申報內部講師資格。

第 10 條　培訓部為了能夠掌握第一手信息，應不定期對學員進行訪談，瞭解內部講師的授課效果。訪談結果將作為培訓部對內

部講師進行績效考評的依據，同時也可為培訓部進一步開發內部講師能力奠定基礎。

35

內部講師的管理內容

◎管理設計的內容

企業制定培訓講師管理辦法，主要是為了規範培訓講師推薦、選拔、聘用、培訓等系列管理工作，有效提高培訓講師隊伍素質，以保證培訓的效果．企業培訓講師管理辦法主要規範了以下 4 個方面的問題：

問題 1：培訓講師不具備相應的課程培訓資質或者業務素質不高、知識水準不夠，導致學員學習興致下降，培訓課程效果不明顯；

問題 2：企業缺乏有效的內部講師考勤和激勵機制，優秀講師不能得到相應的獎勵，導致培訓講師授課興致不高，影響培訓效果；

問題 3：企業缺乏有效的內訓講師選聘管道和機制，導致企業內部有興趣、有能力的員工無法進入培訓講師隊伍；

問題 4：企業在外部選聘講師或選擇培訓供應商時缺乏有效的考核與篩選機制，使得外部講師整體水準不達標。

企業設計培訓講師管理辦法時，通常圍繞內外部培訓講師的選聘、考核與激勵、培訓與淘汰以及日常管理等內容展開。

培訓講師的選聘。制定詳細的內部、外部講師推薦、聘用、選拔辦法，完善培訓講師隊伍；

考核與激勵。建立科學完善的培訓講師考核、獎勵、晉升機制，有效促進培訓講師的績效提升以及培訓效果改善；

培訓與淘汰。建立科學的講師培訓、考核、淘汰機制，提高培訓講師隊伍素質，及時淘汰不合格的講師；

日常管理。嚴格內部、外部講師的日常管理要求，建立科學完善的內部、外部講師管理體系。

◎制度範例的展示

第 1 章　總則

第 1 條　目的

1. 更好地營造學習型與發展型組織的氣氛。

2. 發展和培養高素質的培訓講師隊伍，提高培訓講師的整體素質水準。

3. 充分利用公司內部智力資源，積極培養和建設內部講師隊伍，發揮內部講師在公司整體培訓教育體系中的核心作用。

4. 通過合理安排外聘講師彌補公司內部培訓講師的不足，促進培訓工作的開展。

第 2 條　適用範圍

本辦法適用於公司所有內部講師、外聘講師的管理工作。

第 3 條　管理職責

1. 公司培訓部負責所有內部講師的選拔、定級、考核，以及外聘講師的聘用，培訓供應商的選擇等事項。

2. 各部門需做好培訓講師需求上報、內部講師推薦等相關工作。

第 4 條　術語解釋

1. 內部講師是指從公司內部選拔和培養的負責公司培訓工作的內部員工。

2. 外聘講師是指非本公司員工專長於某一專業領域，接受本公司聘請，為本公司提供培訓的講師。

第 5 條　培訓講師設置原則

本公司所有內部和外聘講師的評選均需參照公司業務需要和人才選拔標準。

第 2 章　講師的聘用管理

第 6 條　培訓講師類別劃分

公司培訓講師類別分為儲備講師和正式講師兩類，講師除了可以獲得授課薪酬之外還可以獲得公司組織的「講師培訓」。公司培訓講師劃分為 4 個等級，分別為見習培訓講師、初級培訓講師、中級培訓講師和高級培訓講師。

培訓講師級別設定

講師等級	授課時間	培養人員	培訓人次
見習培訓講師	符合候選人標準,並取得培訓講師資格證書		＿＿＿人次
初級培訓講師	具備見習培訓講師資格,累計授課達到＿＿＿小時/年	＿＿＿名見習培訓講師	＿＿＿人次
中級培訓講師	具備初級培訓講師資格,累計授課達到＿＿＿小時/年	＿＿＿名初級培訓講師	＿＿＿人次
高級培訓講師	具備中級培訓講師資格,累計授課達到＿＿＿小時/年	＿＿＿名中級培訓講師	＿＿＿人次

第 7 條 培訓講師的評選條件

1.具有認真負責的工作態度和高度的敬業精神,能夠確保公司培訓工作的開展。

2.在某一崗位專業技能上有較高的理論知識和實際工作經驗。

3.具有較強書面和口頭表達能力,以及一定的培訓演說能力。

4.具備編寫講義、教材、測試題的能力·

第 8 條 內部講師聘用流程

1.自行推薦的員工填寫《內部講師自薦申請表》交所在部門簽署意見後報公司培訓部;部門推薦的員工(原則上,各部門每年應推薦 1～2 名優秀員工)需由部門負責人員填寫《內部講師推薦申請表》,由部門經理簽署意見後交公司培訓部。

2.培訓部對照內部講師選拔要求對申請人員進行資格審定。

3.資格審定合格後,由申請人員試講培訓課程,公司培訓部從

各部門抽調專業人士來評定試講成績。

4.培訓部對申請人員的試講成績進行排名，擇優錄取並及時公佈內部講師資格和名單。

第 9 條 外聘講師聘用流程

公司根據培訓需求狀況可聘請外部講師為本公司員工進行培訓。外聘講師經培訓部評審合格後也可長期擔任公司培訓講師。外聘講師的聘用流程如下。

1.各業務部門可根據業務發展需要就某一項目、某一課題等向培訓部推薦優秀的外部講師。

2.培訓部在收到各部門的推薦後需及時對外部講師展開背景瞭解和調查工作。

3.培訓部確認外部講師資格條件和培訓課程費用在本公司要求範圍內後，可以向人力資源總監提出申請，經審批後簽定聘用合約。

第 10 條 培訓講師資格的取消

1.培訓講師資格取消的條件：

(1)本人自願要求取消培訓講師資格；

(2)在培訓期間違反法律法規，違反公司相關管理規章制度；

(3)個人行為嚴重損害公司利益，經過培訓部工作人員勸導後仍不改正的。

2.培訓講師資格取消的流程：

(1)自願申請取消資格的，由本人填寫《培訓講師資格取消申請表》，經培訓經理簽署初步意見後提交總經理批准；

(2)經總經理批准後收繳所有證書，停止一切培訓業務；

(3)因以上所列原因被取消培訓講師資格的,由培訓部負責書面通知本人,然後收繳其所有證書,停止一切培訓業務。

第 3 章　講師的培訓、考核、課酬

第 11 條　講師的培訓內容

為提高培訓成效,凡新擔任公司培訓講師的人員必須接受以下幾方面的培訓。

1.學習原理。

2.學員學習的特點。

3.企業培訓與員工發展。

4.教材設計與製作。

5.培訓技能訓練。

第 12 條　培訓講師考核

1.培訓學員和培訓部負責對培訓教材設計、授課風格、學員收益等進行評估。

2.培訓部負責對培訓講師的年終考核進行綜合評定,考核結果由總經理審核,對考核結果不合格或者受到學員兩次以上重大投訴的講師,公司將取消其講師資格;培訓講師因正常工作或個人原因不能按原計劃授課時應及時通知培訓部,以便另行安排。

3.公司根據考核結果,每年從講師隊伍中評選出部份優秀講師,並給予一定的物質獎勵和精神獎勵。

第 13 條　講師培訓課酬

1.見習培訓講師:50 元/學時。

2.初級培訓講師:150 元/學時。

3.中級培訓講師:200 元/學時。

4.高級培訓講師：300 元/學時。

培訓講師評估表

培訓課程		培訓講師				
培訓時間		培訓地點				
評估項目	評估要點	評估標準與分數				
		5	4	3	2	1
培訓內容課前準備	講義齊全、內容充實、主體突出					
授課進度	講課緊湊，按計劃進行					
講課技巧	教學有方，能運用啟發式教學、互動式教學等多種教學方法，注意引導和啟發學生的思維能力					
教具的運用	能夠靈活運用模型、實物、幻燈等多種教學工具開展教學，提高教學直觀性					
內容的實用性	授課內容與實踐緊密聯繫，對日常工作幫助很大					
問題解答	耐心解答培訓學員提問，態度友善且效果明顯					
學生的學習興趣	學生對本課程的學習興趣濃厚，課堂氣氛活躍					
學習的收穫	參加本課程學習是否基本達到了預期的願望					
綜合得分						
綜合評價						

註：5代表「很滿意」、4代表「滿意」、3代表「一般」、2代表「較差」、1代表「很差」

培訓講師信息檔案表

基本信息				
姓名		身份證號		貼照片處
性別		出生年月		
學歷		專業		
聯繫電話		電子郵箱		
入職日期		擔任職位		

工作經歷			
日期	工作單位	職位	主要工作職責

培訓經歷			
起止日期	培訓課程	培訓機構	所獲證書

教育經歷				
起止日期	學校	專業	院系	證明人

專業技能

愛好、特長

36

內部講師管理執行範本

◎內部講師選聘辦法範本

第 1 章　　總則

第 1 條　　目的

為明確本公司內部講師選聘範圍和標準等條件，規範選聘流程，提高內部講師品質，特制定本辦法。

第 2 條　　適用範圍

公司所有內部講師的選聘工作均依本辦法執行。

第 3 條　　選聘範圍

在公司工作兩年以上的正式員工。

第 4 條　　選聘原則

公司內部講師選聘應遵守「公正、公平、公開、合理、專業」的原則。

第 2 章　　選聘方式與選聘標準

第 5 條　　選聘方式

1.部門推薦

公司培訓部制定「內部講師資格評選條件」發給有關部門，由

各部門參照「內部講師資格評選條件」推薦講師候選人。

2.自我推薦

感興趣的員工可以自我推薦，經初步審核合格者也可以作為講師候選人。

第 6 條　選聘標準

1.心態和興趣

具有積極的心態，對講課、演講具有濃厚的興趣。

2.知識和能力

知識淵博並具有相應的工作經驗和閱歷，具有良好的語言表達能力和較強的學習能力。

第 3 章　內部講師申請與初審

第 7 條　發佈公告

培訓部根據培訓工作的需要，在公司內部發佈某課程培訓講師的選聘通知。通知中應說明基本的選聘條件以及提交申請的方式和時間。

第 8 條　提交申請

符合條件的申請人可由各部門經理推薦或自薦，填寫「內部講師申請表」，報公司培訓部進行初步審核。

第 9 條　進行初步審核

培訓部進行初步審核，並要求申請人填寫「內部講師資格審查表」。

第 10 條　參加培訓和輔導

經過初步審核，通過的人員需參加公司培訓部組織的相關培訓以獲得有效的演講要素基本的課程設計、語言表達、現場控制等方

面的專業知識與技巧。

第 4 章　內部講師試講與評審

第 11 條　成立培訓講師評審小組

1.確定小組成員

在公司中高層主管中選出有培訓經驗的若干人員組成評審小組，並選出一人擔當評審小組的組長，負責評審小組的全面工作。培訓部負責輔助其工作。

2.明確評審人員職責

召開評審小組工作會議，確定各人員的工作職責，對評審過程中可能出現的問題進行商討，以文件的形式確認評審標準和評審細則。

第 12 條　安排試講

1.明確試講要求

(1)試講前要認真備課、熟悉講義，同時要堅定信心，為試講做好必要的準備和業務準備。

(2)試講時應嚴格按照正常培訓課程的要求進行，從容穩重、沉著冷靜，一切與正式培訓授課一樣。

(3)依據講義進行講解，重點突出、有條不紊，合理分配時間，注意前後環節的銜接，體現講與練的結合，過程一定要完整。

(4)注意認真總結經驗教訓，不但要知道試講中的優缺點，還要能夠找出原因，以便今後採取有力措施加強訓練，發揚優點，彌補不足。

2.確定試講時間

(1)每個試講人員一般需要準備 30 分鐘的試講。

(2)培訓部根據試講人數和講授課程的重要性,確定每個人的試講時間。

3.明確試講內容

(1)試講內容要在所要講授的培訓課程內容中節選一部份。

(2)培訓部要做好協調工作,避免試講人出現相同的授課內容。

第 13 條　進行內部講師試講評審

1.明確試講評審要求

(1)實事求是,特別是對試講中存在的問題、不足之處要明確無誤地指正出來。

(2)評審時要多找原因,多提改進意見,明確試講人員具體的努力方向。

(3)評審時要排除各種干擾因素,如人際關係、個人興趣等,客觀地反映試講情況。

2.進行全面評審

(1)評審小組跟進試講的全過程,對試講人員進行全面評審,並填寫「內部講師試講評審表」。

內部講師試講評審表

試講者姓名		所在部門	
崗位		試講課程	
試講評審			
序號	評價內容	評分	
1	語音語調		
2	現場氣氛		
3	表達流暢性		
4	肢體語言		
5	目光交流		
6	形象儀表		
7	時間掌控		
8	內容充實度		
9	案例講解		
10	提問情況		
總分			

說明：每項滿分為 10 分，評價人員依據試講情況進行打分。

　　(2)試講評審採用百分制，試講結束後，評審小組依據「內部講師試講評審表」中的各項評估內容進行打分。

第 5 章　內部講師的聘任

　　第 14 條　培訓部負責匯總所有「內部講師試講評審表」，並計算每位試講人員的平均值，即最終試講成績。

第 15 條　培訓部將對申請人的綜合評審意見上報公司人力資源總監審核，經公司總經理審批後，由培訓部向申請人發出是否給予聘任的決定。

第 16 條　培訓部負責與合格人員簽訂聘任合約，並與落選人員進行溝通。

◎內部講師管理辦法

第 1 章　總則

第 1 條　目的

為構建公司內部講師培訓隊伍，實現內部講師管理的正規化，幫助員工改善工作、提高績效，有效傳承公司相關技術和企業文化，特制定內部講師管理辦法。

第 2 章　管理職責

第 2 條　培訓部為內部講師的歸口管理部門，負責講師的等級聘用、評審及日常管理。

第 3 條　各部門培訓負責人協助培訓部管理內部講師，積極開展內部授課。各部門應積極協助與支援內部講師的授課管理與培養工作。

第 4 條　內部講師的工作職責

1. 根據公司培訓部的安排，開展相關內部培訓課程。

2. 負責參與公司年培訓效果工作總結，對培訓方法、課程內容等提出改進建議，協助公司培訓部完善公司培訓體系。

3. 負責受訓人員的考勤和考核。

4.負責編寫或提供教材教案。

5.負責制作受訓人員測試試卷及考後閱卷工作。

第 3 章　內部講師資格評審與聘用流程

第 5 條　內部講師的類別

1.內部講師分儲備講師和正式講師兩類。

2.內部講師除了可以獲得授課薪酬之外，還可以獲得公司組織的「講師培訓」（委外或外派）。

3.正式講師等級資格證書由培訓部頒發審核，總經理審批。

第 6 條　內部講師聘用條件

1.具有認真負責的工作態度和高度的敬業精神，能在不影響工作的前提下積極配合培訓工作的開展。

2.在某一崗位專業技能上有較高的理論知識和實際工作經驗。

3.形象良好，有較好的語言表達能力。

4.具備編寫講義、教材、測試題的能力。

第 7 條　等級聘用

為保證培訓效果並激勵講師自我提升授課水準，對講師實行按級付酬。正式講師分為 3 個等級，等級按培訓效果調查表的得分標準聘用。

第 8 條　內部講師聘用流程

1.由各部門推薦或個人自薦，由部門經理審核、培訓部審批，審批後的講師將獲得儲備講師的資格。

2.培訓部應適當安排儲備講師授課。

3.培訓部安排內部講師授課前應通知有關講師和課程安排事項，以便對講師的授課情況進行跟蹤。

4.培訓部對儲備講師的授課效果進行抽查,對連續兩次抽查得分低於 60 分的講師,暫停安排其授課。若因個人或組織需求,可按本規定重新申請。

5.各級講師均可以提出晉級申請,人力資源部受理申請並組織晉級聘用,聘期 1 年。滿足以下標準的,可申請晉級聘用。

晉級聘用標準

級別	連續兩次考察授課均達到的評分標準	授課時數
三級講師	70～80分	8小時/年
二級講師	80～90分	10小時/年
一級講師	90～100分	15小時/年

6.培訓部負責對正式講師的授課效果進行抽查,連續兩次抽查得分低於本級標準得分下限的講師降一級,經再次考核得分高於本級標準得分上限方可恢復原級別。

第 9 條 公司鼓勵廣大員工積極參與內部講師聘用與晉級,內部講師業績作為其工作績效考核的參考依據之一。

第 4 章 內部講師考核

第 10 條 所有被列入正式內部講師名單的講師必須在 3 個月內完成一門正式培訓課程的授課任務,包括課題確定、教材開發、教案準備、正式授課等,並由受訓人員對其進行授課效果的評估,填寫「內部講師授課現場效果評估表」。

第 11 條 內部講師應嚴格按培訓規範操作流程開展授課,同時對課程需有相應記錄,包括「培訓前需求調查表」、「內部講師授課現場效果評估表」等課程相應的記錄,作為考核內部講師的標準

之一。

第 12 條　年中/年終考核

公司培訓部每年對內部講師進行兩次考核，採用內部講師年中/年終考核表進行。

第 13 條　正式講師如在 1 年之內有 3 次課程的現場效果評估低於 60，即被降為儲備講師。

第 14 條　每年對表現優秀的講師，如年授課時數完成規定且課程效果評估平均在 85 分以上者，由公司培訓部提名報總經理批准後，予以晉級和獎勵。

第 5 章　內部講師培訓與激勵

第 15 條　內部講師的培訓

為提高培訓的成效，凡申請擔任正式講師的人員，經過資格初審後，需接受以下講師培訓課程。

1. 學習原理。

2. 成人學習特點。

3. 企業培訓與員工發展。

4. 教材設計與製作。

5. 培訓技能訓練。

6. 專業培訓技巧。

第 16 條　內部講師的激勵

1. 內部講師的授課可享受授課津貼或帶薪調休的獎勵方式（不同時享受），如週六、週日授課直接領取講師課酬。

2. 發放授課津貼的課程必須為培訓部統一安排並經考核合格的課程，以現金形式發放。

授課津貼和講義編制費標準

級別	授課津貼	講義編制費
一級講師	1000元/課時	300元/門
二級講師	600元/課時	200元/門
三級講師	400元/課時	150元/門
儲備講師	200元/課時	100元/門

3.發放時間為課程後期跟蹤、總結完成後 1 個月內。由培訓部覆核報公司總經理審批後支付。

第 6 章　其他規定

第 17 條　講師出現下列情況之一的，取消其講師資格。

1.除遇不可抗原因外，講師無故不參加授課一次者。

2.故意製造不良事件或工作不負責任，以致培訓成效受到明顯不良影響。

3.年綜合考核分數最後一名者。

4.講師洩露公司機密，將培訓資料等對外洩露，或未經公司許可參與同行業的培訓交流活動。

5.申請離職或辭職者。

第 18 條　講師檔案管理

1.通過公司綜合評審的候選人將由總經理親自頒發內部講師聘任證書，並在公司網站、OA 系統進行公佈，樹立內部講師的個人形象和品牌，增加內部講師的榮譽感。

2.正式聘任的內部講師將被納入內部講師資料庫，享受相關待遇。

◎內部講師培訓辦法

第 1 條　為提高公司內部講師的授課水準，確保培訓效果，特制定本辦法。

第 2 條　本辦法適用於公司內部講師的培訓工作。

第 3 條　培訓部負責公司內部講師的培訓組織工作。

第 4 條　培訓部應依據內部講師的工作職責，選擇並確定培訓內容及培訓方式等相關內容。內部講師的工作職責有以下幾點。

1.參與課程的前期培訓需求調研，明確員工的培訓需求，向培訓部提供準確的員工培訓需求資料。

2.開發設計所授課程，如培訓標準教材、案例、授課 PPT、試卷及答案等，並定期改進。

3.在培訓部的安排下，落實培訓計劃，講授培訓課程。

4.負責培訓後閱卷、後期跟進工作，以達到預定的培訓效果。

5.負責參與公司年培訓效果工作總結，對培訓方法、課程內容等提出改進建議。

6.積極學習，努力提高自身文化素質和綜合能力。

第 5 條　培訓部將不斷向內部講師發放大量的培訓資料、學習資料。

第 6 條　公司內部講師必須接受課程培訓，培訓部負責根據內部講師的發展情況篩選接受培訓的講師名單。

內部講師培訓內容和頻次一覽表

培訓項目	培訓內容	培訓頻次
課程內容深化培訓	進行課程內容的設計與開發	每年兩次
講師素質提高培訓	講師的職業道德、儀表儀態等	每年一次
講師研討會	對課程內容改善、課程內容理解、講授技巧、講授存在的問題等進行探討,以及收集現場案例等	每年一次
授課技巧培訓	語言表達技巧、課堂把控技巧、營造課堂氣氛等	每年至少一次

第 7 條 所有接受培訓的內部講師在培訓後必須制訂行動改進計劃,改進自己在授課中的不足之處,提高授課水準。

第 8 條 培訓部將每年組織一次全體講師的經驗分享與交流,並聘請資深人員或外部專家指導、培訓。

第 9 條 內部講師可旁聽公司的所有培訓課程,優先參加公司內與本職工作相關的各項培訓。

第 10 條 內部講師可申請參加與自身授課內容相同的外派培訓或參觀考察等活動。

第 11 條 公司鼓勵內部講師積極參加各種社會自修學習,不斷提高自身素質、豐富自身知識。

第 12 條 本辦法經總經理批准後生效,自頒佈之日起執行。

◎內部講師晉級辦法範本

第 1 條 為規範內部講師晉級管理工作，激發內部講師的工作積極性，特制定本辦法。

第 2 條 本辦法適用於公司所有內部講師的晉級管理。

第 3 條 公司培訓部負責內部講師的晉級管理工作。

第 4 條 公司內部講師分為四個級別，從助理講師開始逐級提升。

第 5 條 公司內部講師 4 個級別的評級標準如下所示。

內部講師評級標準表

等級	等級標準	授課任務要求
助理講師	符合候選人標準，並取得內部講師資格證書	無要求
初級講師	具備助理講師資格，累計授課時數達到20小時	20小時/年
中級講師	具備初級講師資格，累計授課時數達到50小時	30小時/年
高級講師	具備中級講師資格，累計授課時數達到80小時	30小時/年

第 6 條 公司內部講師申請更高等級講師資格的基本條件有以下幾點。

1. 一年內的授課時數達到所申請講師等級的最低有效授課時數要求，計算範圍限於公司委託講授的課程。

2. 在上述的授課時數內，課程的效果評估得分平均達到 80 分以上，課程效果評估以講師結束整個培訓項目為單位進行。

3. 內部講師在申請更高等級時，必須具備更高等級的工作能

力。

最低有效授課時數

現有級別	助理講師	初級講師	中級講師
申請級別	初級講師	中級講師	高級講師
最低有效授課時數	20小時/年	30小時/年	30小時/年

第 7 條 內部講師晉級流程

1. 公司每年 11 月份開展內部講師晉級工作，滿足上述條件的內部講師可向培訓部提出申請，並填寫「內部講師晉級申報表」。

2. 培訓部將根據內部講師平時的授課效果審核其晉級資格。必要時，培訓部還可以聘請外部專家進行晉級審核。

3. 培訓部組織對內部講師的授課效果進行抽查，對於連續兩次抽查得分低於 80 分的講師，將給予降一級的處分，經再次考核合格後方可恢復原級別。

心得欄 _____

_____

_____

_____

_____

_____

37

內部講師管理工作執行

◎內部講師選聘工作細化

1. 目的

為滿足公司員工培訓需求，確保各類培訓項目順利實施，充分挖掘公司內部培訓資源，規範內部講師的選聘工作，確保培訓效果，特制定本控制流程。

2. 適用範圍

本控制流程適用於公司內部講師選聘管理工作。

3. 選聘原則與形式

(1)公司選聘內部講師時應遵守「按需選聘、擇優錄用」的原則。

(2)選聘內部講師採取「自下而上逐級推薦，自上而下考核評審」的方式進行。

4. 內部講師需求確認

公司培訓部根據員工培訓需求情況確定內部講師需求，包括內部講師需求專業、層級、人數及其他任職要求，並下發內部講師報名通知。

5. 報名與資格審核

⑴凡符合內部講師認知資格條件者，可填寫「內部講師推薦表」，經部門經理確認後接受資格審核。

⑵公司培訓部負責對申請內部講師的人員進行資格審核。

6. 綜合評審

⑴成立內部講師評審組

①公司培訓部負責成立內部講師評審組，培訓部經理任組長，成員包括受訓部門經理、部份受訓員工以及其他相關人員，必要時還應聘請外部培訓專家參與。

②內部講師評審組全面負責對內部講師候選人資格進行綜合評審。

⑵安排課程開發任務

①內部講師候選人根據選定的具體課程名稱和授課內容，開發相應的培訓課程（PPT 形式）、講義、教材等課程方案。

②各候選人在規定的時間內完成所有課程方案後，提交給內部講師評審組。

⑶企業內部進行試講

①給候選人員兩週準備時間，自擬題目，在指定日期進行 1 小時的試講。

②試講形式應當多種多樣。按試講人數和範圍，可以分為個別試講和小組試講；按試講時間劃分，可以分為平時試講和集中試講；按試講場所劃分，可以分為課堂試講和現場試講。

③培訓部依據內部講師試講的要求以及公司的具體情況，選擇合適的試講形式。

④內部講師評審組全面跟進候選人的試講過程，並對候選人的試講進行評價。

候選人試講評價表

課程基本情況	課程名稱		試講時間	
試講內容評價 （40分）	導入		素材	
	切題		案例	
	活動		收尾	
試講技巧評價 （40分）	課堂氣氛		師生互動	
	語言表達		肢體語言	
	時間掌握		技巧細節	
試講材料評價 （20分）	幻燈配合		板書效果	

說明：1.試講評價採取百分制，試講內部評價分值為 40 分，每項評價為 5 分；試講技巧分值為 40 分，每項評價為 10 分；試講材料評價分值為 20 分，每項評價為 10 分。

2.評審組根據試講人的實際表現進行打分。

⑷進行綜合評審

①內部講師評審組根據候選人資格條件、課程開發方案及試講表現進行綜合評審，確定內部講師人員。

綜合評審方法

序號	評審項目	權重	評審方法	資料來源	得分
A	候選人資格條件	30%	評審組依據內部講師任職資格條件進行打分，滿分為 100 分	內部講師任職資格	
B	課程開發方案	30%	評審組依據候選人提交的課程資料進行打分，滿分為 100 分	課程開發方案	
C	試講表現	40%	評審組對試講評價的最終成績	候選人試講評價表	

②最終成績為三者的加權平均值,即最終成績＝A 成績×30%＋B 成績×30%－C 成績×40%。

7. 聘任

(1)培訓部將綜合評審結果上報培訓總監審核後,提交公司總經理審批。

(2)培訓部統一頒發公司內部講師聘書予以聘任,聘期兩年,各級講師不得重覆聘任。

8. 相關文件與記錄

(1)內部講師報名通知。

(2)內部講師推薦表。

(3)內部講師試講評價表。

(4)內部講師最終成績單。

心得欄 _

_ _

_ _

_ _

_ _

_ _

內部講師選聘流程

流程目的	1. 促進內部講師選聘的規範化管理			
	2. 提高內部講師選聘的工作效率			
知識準備	1. 掌握內部講師選聘條件與標準			
	2. 熟悉內部講師選聘的相關規定			
流程步驟	細化執行		關鍵點說明	
1	制定內部講師選聘管理制度	1	內部講師選聘管理制度	關鍵點1： 　內部講師報名通知應明確選聘要求、選聘範圍標準、選聘條件等內容
2	發佈內部講師報名通知	2	內部講師選聘通知	
3	接收內部講師申請	3	內部講師申請表	關鍵點2： 　內部講師申請包括個人申請和部門推薦兩種
4	組織進行資格審查	4	內部講師選聘標準	關鍵點3： 　培訓部需要組織對經過資格審查通過的人員進行培訓，培訓內容主要包括課程設計、語言表達、現場控制等方面的專業知識和技巧
5	組織內部講師候選人培訓	5	候選人培訓內容	
6	組織進行試講	6	試講人名單	
7	進行評審，擬定內部講師名單	7	內部講師選聘名單	關鍵點4： 　培訓部組織對候選人員進行試講，明確講要求、試講時間和試講內容
8	頒發內部講師聘書	8	內部講師聘書	
9	整理、保管資料	9	內部講師選聘通知、內部講師選聘標準、內部講師申請表	關鍵點5： 　培訓部負責與選聘的內部講師簽訂聘任合約，並發佈聘書

◎內部講師評估工作細化

1. 目的

為有效激勵內部講師的工作積極性和主動性，營造公平有效的競爭環境，提高內部講師的授課水準，特制定本控制流程。

2. 適用範圍

本控制流程適用於公司內部講師評估工作。

3. 權責分配

公司培訓部負責組織內部講師的評估工作，受訓部門及受訓人員應協助配合。

4. 評估原則

公司培訓部評估內部講師時應遵守「公正、公平、公開」的原則。

5. 評估方法

內部講師評估方法

評估形式	評估內容	評估者	所用工具	評估時間
培訓項目評估	課程內容的熟練程度、授課技巧、課堂控制等	受訓人員、培訓部	內部講師評估表	課程結束後一週內進行
年終評估	授課品質、授課效果、工作態度、授課技巧、課程內容開發等	培訓部	內部講師年評估表、每次培訓結束後的內部講師評估	每年一月份

6.評估工具應用

(1)每次培訓結果後,培訓部應組織受訓人員對內部講師的現場培訓效果進行評估。受訓人員根據內部講師的實際授課情況,填寫「內部講師授課現場效果評估表」。

內部講師授課現場效果評估表

培訓項目		培訓時間		內部講師					
序號	培訓評估項目			0	1	2	3	4	5
1	培訓課程整體滿意度								
2	培訓課程內容的實用性								
3	培訓課程內容的充實性								
4	培訓教材講義的編制情況								
5	課程規劃與進行方式								
6	內部講師的專業程度								
7	內部講師的解說能力								
8	內部講師的教學熱情								
9	內部講師的時間掌握								
10	內部講師的課堂控制能力								
11	內部講師的授課方法與形式								
12	內部講師表達方式的生動性								
13	內部講師引導學員進入角色的能力								
14	內部講師能否充分激發學員積極性								
15	內部講師能否適當反應及回答學員問題								
16	內部講師對培訓內容的掌握程度								
17	內部講師對培訓內容感興趣程度								
18	本次培訓對工作起到指導作用的程度								
19	課程對學員的工作及成長的幫助程度								
20	本次培訓成功的程度								
備註	1.本次評估滿分為 100 分,共評估 20 項,每項 5 分								
	2.在相應選項下的表格內畫「√」								

(2)培訓部對內部講師的年授課情況進行年終綜合評估,並填寫內部講師年評估表。

內部講師年評估表

基本情況(講師填寫)						
姓名			學歷		專業	
所在部門			崗位		職稱	
講師資格				聘用時間		
教授課程	目前					
	意向					
年度總結						
培訓績效記錄						
序號	培訓項目		培訓時間		培訓對象	平均成績
	(內部講師填寫)					(培訓部填寫)
1						
2						
3						
4						
5						
6						
年總體評估	評語					
	獎勵					
培訓部經理意見				培訓總監意見		

7.評估結果應用

(1)培訓項目評估結果應用

①每次培訓結束後，培訓部負責對內部講師進行等級劃分。

內部講師評估結果等級表

等級	優	良	由	差
評估成績	91～100	81～90	61～80	60 以下

②每次培訓結束後的評估結果將作為內部講師年評估的重要依據之一。

(2)年評估結果應用

①內部講師年評估結果將作為內部講師晉級的重要部份。

②內部講師年評估結果不合格者降一級，保留內部講師資格一年，連續兩年不達標者取消其資格。

③內部講師年評估結果將作為年績效考核和公司內部晉升的重要參考資料之一。

內部講師評估流程

流程目的	1.幫助內部講師找出培訓中存在的不足及需要改進的地方 2.提高內部講師的培訓水準	
知識準備	1.瞭解評估工具的使用方法 2.掌握內部講師的評估方法	
流程步驟	細化執行	關鍵點說明
1 確定評估目的和評估方案	1 內部講師評估方案	**關鍵點1** 　每次培訓結束後，培訓部組織學員對內部講師的培訓效果進行評估。並將評估結果與講師級別評定相掛鉤；
2 收集內部講師評估信息	2 內部講師評估表	**關鍵點2** 　通過調查問卷、相關資料的收集和觀察、面談等方式獲取評估信息；
3 整理、分析評估信息	3 有關評估的各種資料、文件	**關鍵點3** 　根據信息分析結果，培訓部撰寫內部講師評估報告，內容包括培訓項目概況、評估目的和性質、評估實施流程、評估結果、相關建議和意見等；
4 進行內部講師培訓評估	4 ……	
5 撰寫內部講師評估報告	5 內部講師評估報告	
6 評定內部講師級別	6 內部講師等級表	**關鍵點4** 　內部講師按評估結果確定級別，一般分為優良中差4個等級；培訓部每年將在一月份對內部講師進行一次年終評估
7 資料整理、歸檔	7 內部講師評估表、內部講師評估方案、內部講師評估報告	

◎內部講師晉級流程與工作細化

1. 目的

為有效激勵內部講師的培訓教育意願，促使內部講師不斷提升

授課技巧及能力，特制定本控制流程。

2. 適用範圍

本控制流程適用於公司內部講師晉級管理工作。

3. 內部講師等級劃分

公司內部講師分為儲備講師、一級講師、二級講師和三級講師4個層次。

<h3 style="text-align:center">內部講師等級劃分表</h3>

內部講師等級	任職資格	備註
儲備講師	1. 由公司培訓部外派訓練，經審核符合講師資格者 2. 已取得相關培訓機構的專業講師認證，經公司審核認可者 3. 公司部門主管級以上人員 4. 大學本科以上學歷，兩年本公司工作經驗者 5. 大學專科以上學歷，三年本公司工作經驗者	經部門推薦或自薦，培訓部初審可定為儲備講師；儲備講師不頒發內部講師等級證書
一級講師	儲備講師經綜合評審考核達到一級講師標準的可認定為一級講師	……
二級講師	具備一級講師資格一年以上者，經評審考核達到二級講師標準的可晉級為二級講師	經理級別以上領導經審核可定為二級講師
三級講師	具備二級講師資格一年以上者，經評審考核達到三級講師標準的可晉級為三級講師	副總級別以上領導可直接申請三級講師

4. 晉級時間與頻率

公司內部講師每年晉級一次，12 月份進行晉級考核確定，次

年 1 月份公佈結果。

5. 晉級考核

(1) 內部講師晉級考核指標

內部講師晉級考核指標

考核指標	指標介紹
授課滿意度	內部講師在講授課程後，由學員對其授課滿意度評價調查，按每次課程的學員課堂問卷評分加權平均值計算
授課完成率	內部講師實際講授課程時數與公司安排的課時數的比例，按年 12 個月的加權平均值計算
新開發課程數量	內部講師年內新增加的培訓課程數量
授課總時數	內部講師年實際授課的累計小時數
學員總人次	內部講師年實際教授學員的總人數

(2) 內部講師晉級標準

內部講師晉級標準

考核指標 ＼ 晉級標準	儲備升一級	一級升二級	二級升三級
授課滿意度	80 分	85 分	90 分
授課完成率	85%	90%	95%
新開發課程數量	3 門	4 門	5 門
授課總課時	30 小時	40 小時	50 小時
學員總人次	200 人次	200 人次	300 人次

6. 內部講師晉級

內部講師晉級不僅要具備晉升級別的任職資格，還必須滿足所有的晉級考核標準。

內部講師晉級流程

流程目的	1. 規範內部講師晉級管理工作
	2. 提高內部講師的工作熱情和積極性

知識準備	1. 掌握內部講師晉級標準和條件
	2. 瞭解公司內部講師晉級相關的制度

流程步驟		細化執行		關鍵點說明
1	確定內部講師晉級標準	1	內部講師晉級標準	關鍵點1 　　內部講師晉級標準一般包括授課總課時、教授學員總人次、新開發課程數量、授課效果等具體要求
2	發佈內部講師晉級公告	2	內部講師晉級公告	
3	提交內部講師晉級申報表	3	內部講師晉級申報表	關鍵點2 　　符合晉級標準的內部講師，可以填寫「內部講師晉級申報表」，並提交給培訓部進行審核
4	收集、匯總內部講師授課情況	4	內部講師授課效果的相關資料	關鍵點3 　　培訓部負責收集、匯總的內容主要包括教材開發品質、授課技巧、授課態度、學員回饋等
5	組織進行晉級考核	5	……	
6	發佈內部講師晉級成績	6	內部講師晉級考核成績	關鍵點4 　　培訓部負責內部講師晉級考核，考核內容一般包括培訓課程開發和授課水準兩大部份
7	資料整理、歸檔	7	內部講師晉級標準、晉級公告、晉級申報表、晉級考核成績	

38

培訓課程的評價工具

◎培訓評估問卷

　　培訓評估調查問卷的使用，目的在於通過對參與培訓的學員、培訓師或其他人員的問卷調查，盡可能全面把握培訓的效果。調查問卷相對於評估表而言，能夠從更多角度、更多層面獲取盡可能詳細的信息。

1. 開放式調查問卷

　　開發式調查問卷設計的特點就是，不對調查問題的答案進行限制，由被調查者根據自己的理解和感受予以回答。其不足之處在於，如果不對問題的解答進行一定的限制，很可能填寫的信息並非是調查問卷設計者所需要的。

開放式調查問卷樣例

　　各位學員：

　　您好！請您花費幾分鐘時間幫助我們完成此份培訓效果評估問卷，您的評價對於我們改進培訓工作來說非常重要。衷心感謝您的合

作！

一、您的個人基本情況

姓名：＿＿＿＿＿ 部門：＿＿＿＿＿＿ 職務：＿＿＿＿＿

培訓時間：＿＿＿＿ 培訓地點：＿＿＿＿＿ 培訓講師：＿＿＿

培訓主題：＿＿＿＿＿＿＿＿＿＿＿＿

二、關於培訓組織

1. 本次的培訓內容適合您的需要情況如何？
＿＿＿＿＿＿＿＿＿＿＿＿＿＿＿＿＿＿＿＿＿＿＿

2. 培訓開展前，您收到的有關本次培訓的詳細資料情況如何？資
料使用過程中存在那些問題？
＿＿＿＿＿＿＿＿＿＿＿＿＿＿＿＿＿＿＿＿＿＿＿

3. 培訓現場的環境佈置存在那些問題，您希望作出那些改善？
＿＿＿＿＿＿＿＿＿＿＿＿＿＿＿＿＿＿＿＿＿＿＿

＿＿＿＿＿＿＿＿＿＿＿＿＿＿＿＿＿＿＿＿＿＿＿

三、關於培訓內容

1. 請簡述此次培訓中的主要內容和觀點，這些內容和觀點您是否
認同，為什麼？
＿＿＿＿＿＿＿＿＿＿＿＿＿＿＿＿＿＿＿＿＿＿＿

2. 本課程中那一部份的內容對您用處是最小的？
＿＿＿＿＿＿＿＿＿＿＿＿＿＿＿＿＿＿＿＿＿＿＿

3. 本課程講授內容中您認為那一部份可以被改善／調整／壓縮？
＿＿＿＿＿＿＿＿＿＿＿＿＿＿＿＿＿＿＿＿＿＿＿

四、關於培訓講師

1. 本次培訓講師給你留下的最深刻的印象是什麼？

2. 本次培訓的講師在授課技巧和控場方面存在那些不足？

五、關於培訓成果

1. 您認為此次培訓對您的管理思想有改變嗎？為什麼？

_____

2. 您認為此次培訓有實用價值嗎？為什麼？

_____

3. 您認為本次培訓投入的時間和費用對於培訓收穫來講值得嗎？為什麼？

_____

4. 如果您的同事也有同樣的培訓需求，您會給他什麼樣建議？

_____

5. 關於培訓後的行動

_____

您在未來的一段時間內如何運用您在本次培訓中所學的內容？

_____

六、請選擇您對本次培訓的整體滿意程度

_____

2. 封閉式調查問卷

封閉式調查問卷是將備選答案以選項的形式列出，由被調查者從中選擇自己認為正確的答案的調查問卷形式。封閉式調查問卷的優點是便於對問卷結果進行匯總和分析，缺點是有限的選項可能難

以完全體現被調查者的真實想法。因此，設計封閉式調查問卷時，必須要確保答案的全面性。

封閉式調查問卷樣例

各位學員：

您好！請您花費幾分鐘時間幫助我們完成此份培訓效果評估問卷，您的評價對於我們改進培訓工作來說非常重要。衷心感謝您的合作！

一、您的個人基本情況

姓名：＿＿＿＿＿＿＿　　培訓時間：＿＿＿＿＿＿＿＿

部門：＿＿＿＿＿＿＿　　培訓地點：＿＿＿＿＿＿＿＿

職務培訓講師：＿＿＿＿＿＿＿＿

培訓主題：＿＿＿＿＿＿＿＿＿＿＿＿＿＿

二、本次的培訓內容適合您的需要情況如何？

A.太簡單，一點都用不上　　B.不太需要　　C.一般

D.比較需要　　E.非常需要

三、您認為本次課程學習過程中存在問題的事項為：

A.進度　　B.講師授課技巧　　C.學習材料的發放

D.培訓服務　　E.其他

四、您是否願意推薦這位培訓師進行相關課程的培訓活動？

A.是　　B.否

五、您是否願意推薦本課程？

A.是　　B.否

六、您認為本課程的內容在您工作中的應用是否迫切？

A.非常迫切　　B.比較迫切　　C.一般　　D.不是很迫切

七、您認為在實際工作中要想根據培訓所學進行改變，則需要具備什麼條件？

A.主管的支持　　B.提高相關薪酬待遇　　C.足夠的時間

D.工作條件

八、請選擇您對本次培訓的整體滿意程度(在括弧內畫對號)

很滿意　(　　)　　滿意　(　　)　　一般　(　　)

不滿意　(　　)　　很不滿意　(　　)

在實際進行調查問卷設計時，為了彌補封閉式調查的不足，同時發揮開放式問卷的優點，就產生了半開放式調查問卷。半開放式調查問卷是指給出主要的答案，而將未給出的答案或用其他一欄表示，或留以空格，由被調查者自行填寫。

◎培訓評估表

1. 培訓師自我評估

培訓師在完成授課後需要進行自我評價，通過對照學員需求，回顧自己在課堂上的表現，以期不斷改進授課效果。

表 38-1　培訓師自我評估表

課程基本信息	課程名稱		開課時間	
	導入		素材	
	切題		案例	
授課內容評價	活動		收結	
	課堂氣氛		師生互動	
	語言表達		肢體語言	
授課技巧評價	時間掌握		技巧細節	
授課材料評價	幻燈配合		板書效果	

2.學員課程評估

(1)學員課程評估表一

通過瞭解學員對課程的評價，可以比較準確地判斷課程組織的成功與否。

表 38-2　學員課程評估表（一）

課程名稱		課程時間	
培訓講師		培訓方式	

一、學員基本情況

姓名		工作崗位	
聯繫電話		工作年限	

二、課程滿意度調查項目(在相應選項下的表格內畫對號)

調查項目		很滿意 (5分)	滿意 (4分)	一般 (3分)	不滿意 (2分)	極不滿意 (1分)
課程內容	課程目標的明確性、可量化					
	課程內容與需求的匹配度					
	課程內容編排的合理性					
	理論知識講解淺顯易懂					
	案例互動環節生動有趣					
關於講師	對課程內容的駕馭程度					
	溝通技巧的掌握程度					
	儀容儀表整潔得當					
	激發學員興趣的程度					
	課程時間的掌控程度					
	培訓工具運用的熟練程度					

續表

關於培訓組織	培訓時間安排的合理性				
	現場服務水準				
	培訓材料和通知下發的及時性				
	培訓輔助下具和材料的準備情況				
三、本次培訓中您感到最受益匪淺的內容是：					
四、您對課程不滿意的地方有那些？					
五、其他建議：					

心得欄

⑵學員課程評估表二

表 38-3　學員技能培訓評估表（二）

姓名：＿＿＿＿＿＿　工號：＿＿＿＿＿＿　部門＿＿＿＿＿＿

課程基本情況	課程名稱		
	開課時間		
課程過程評估	出勤情況	遲到＿＿次，早退＿＿次	評分標準
	參與程度		4 分——很好
	理解程度		3 分——好
	動手能力		2 分——一般
	測試結果		1 分——不合格
課程跟蹤評估	該培訓科目內容對該員工崗位工作的指導成效：		
	很有效　　　　　有效　　　　　一般　　　　　無用		

實踐應用概述：

學員簽名：＿＿＿＿　部門經理簽名：＿＿＿＿　培訓師簽名：＿＿＿＿

◎培訓評估報告

　　撰寫培訓評估報告是向培訓主管或其他主管提供評估結論並對評估結論進行分析，並在此基礎上提出建議。

表 38-4　培訓評估報告的內容

報告構成模塊	各模塊具體內容
導言	培訓評估實施背景，即被評估的培訓項目的概況，包括項目投入、時間、參加人員及主要內容
	介紹評估目的和評估性質。評估目的包括評價培訓課程績效、培訓學員的培訓參與程度及改進培訓課程等。評估性質包括需求分析、過程分析、產出分析
	說明此評估方案實施以前是否有過類似的評估，以便評估報告審閱者將其與以前進行評估進行對比
闡述實施評估過程	介紹評估的設計方法、抽樣方法、統計方法以及資料收集方法等
	介紹進行評估所根據的指標及其說明
闡明評估結果	根據評估實施過程中的相關內容，對評估結果進行闡述和分析
解釋運用評估結果	根據數據分析結果所反映的支持培訓和反對培訓的理由
	是否存在更為優化的途徑以改進培訓效果
	培訓課程的開展在多大程度上滿足了培訓需求的要求
附錄	收集和分析資料所使用的圖表、問卷、原始資料等
報告提要	對報告摘要進行概括，便於評估報告閱讀人員快速掌握報告要點

某公司培訓評估報告範本

正文內容：

一、培訓基本情況

培訓基本情況匯總表

公司名稱	（填寫受訓企業名稱）		
課程名稱			
培訓負責人		培訓助理	
培訓師		評估人員	

二、培訓整體情況

（一）課程項目介紹課程名稱：

授課講師：

授課時間：

培訓人數：

（二）評估實施情況

　　共有＿＿＿＿＿＿＿人參加了本次培訓，培訓評估參與率達到＿＿＿＿％，本次評估通過發放問卷的形式進行，共發放問卷＿＿＿＿份，收回問卷＿＿＿＿份，其中有效問卷＿＿＿＿份。

三、學員基本情況和評估指標

(一)學員基本情況

學員個人情況信息表

學員姓名	工作部門	工作年限	職務級別	備註

(二)評估指標

課程評估指標一覽表

指標類別	講師授課效果	培訓材料設計	培訓服務品質
具體指標	· 課堂授課內容的針對性 · 課堂氣氛的掌控能力 · 課堂授課邏輯性與系統性 · 授課現場互動效果課 · 堂語言表達效果	· 教材內容的適用性 · 教材設計的系統性和邏輯性 · 案例設計的實用性 · 輔助材料使用的恰當性 · 學員使用材料發放的及時性	· 教室選擇與環境佈置 · 工作人員的服務態度

四、評估數據統計分析

(一)統計結果匯總表

培訓結果匯總表

項目\指標\姓名	講師授課效果					培訓材料設計					服務品質	
	課堂授課內容的針對性	課堂氣氛的掌控能力	課堂授課邏輯性與系統性	授課現場互動效果	課堂語言表達效果	教材內容適用性	教材設計的系統性和邏輯性	案例設計的實用性	輔助材料使用的恰當性	學員用材料發放的及時性	教室選擇與環境佈置	工作人員服務態度
指標評分												
綜合評分												

根據上表，對課程滿意程度分類匯總的結果如下所示。

課程滿意程度分類匯總表

滿意程度	非常滿意 (9-10分)	滿意 (9-8分)	一般 (6分)	差 (9-5分)	很差 (9-3分)
人數					
總體滿意率	得分在6分以上的人數數量/受訓總人數×100%				

（二）統計結果分析

1. 講師授課效果

(1)課堂授課內容的針對性。

①利用圓形圖或其他圖示進行直觀展示（具體圖示略）。

②本指標的評分達＿＿＿分，滿意率為＿＿＿％。

(2)課堂氣氛的掌控能力。

①利用圓形圖或其他圖示進行直觀展示（具體圖示略）。

②本指標的評分達＿＿＿分，滿意率為＿＿＿％。

(3)課堂授課邏輯性與系統性。

①利用圓形圖或其他圖示進行直觀展示（具體圖示略）。

②本指標的評分達＿＿＿分，滿意率為＿＿＿％。

(4)授課現場互動效果。

①利用圓形圖或其他圖示進行直觀展示（具體圖示略）。

②本指標的評分達＿＿＿分，滿意率為＿＿＿％。

(5)課堂語言表達效果。

①利用圓形圖或其他圖示進行直觀展示（具體圖示略）。

②本指標的評分達＿＿＿分，滿意率為＿＿＿％。

2. 培訓材料設計

(1)教材內容的適用性。

①利用圓形圖或其他圖示進行直觀展示（具體圖示略）。

②本指標的評分達＿＿＿分，滿意率為＿＿＿％。

(2)教材設計的系統性和邏輯性。

①利用圓形圖或其他圖示進行直觀展示（具體圖示略）。

②本指標的評分達＿＿＿分，滿意率為＿＿＿％。

(3)案例設計的實用性。

①利用圓形圖或其他圖示進行直觀展示(具體圖示略)。

②本指標的評分達＿＿＿分，滿意率為＿＿＿%。

(4)輔助材料使用的恰當性。

①利用圓形圖或其他圖示進行直觀展示(具體圖示略)。

②本指標的評分達＿＿＿分，滿意率為＿＿＿%。

(5)學員用材料發放的及時性。

①利用圓形圖或其他圖示進行直觀展示(具體圖示略)。

②本指標的評分達＿＿＿分，滿意率為＿＿＿%。

3. 培訓服務品質

(1)教室選擇與環境佈置。

①利用圓形圖或其他圖示進行直觀展示(具體圖示略)。

②本指標的評分達＿＿＿分，滿意率為＿＿＿%。

(2)工作人員的服務態度。

①利用圓形圖或其他圖示進行直觀展示(具體圖示略)。

②本指標的評分達＿＿＿分，滿意率為＿＿＿%。

五、受訓學員其他建議匯總

對於評估問卷中的開放性問題的匯總如下所示。

評估問卷中開放性問題的匯總表

姓名	對本次課程的綜合評語	其他建議

六、評估總結

(一)從評估內容可以獲得相關信息

A. 本培訓課程好的方面(具體內容略)。

B. 本培訓課程有待改進的地方(具體內容略)。

(二)總結性評價

本次培訓活動總體而言非常成功,達到了預期的培訓要求;學員參與的積極性也非常高。

七、評估附錄

(一)圖表附圖表。

(二)問卷附所有評估問卷。

(三)其他資料

39

培訓工作總結與報告

◎培訓項目的總結案例

1. 項目培訓背景

A 公司是電子產品生產製造企業，有自己的產品研發部門。研發部門主要負責公司的產品研發和改進。根據市場調研情況，A 公司急需推出一款新的電子產品，研發部門為此成立了項目小組專門負責此項目。由於時間緊、任務重，公司培訓部門和研發部門組織了項目培訓。

2. 項目培訓概況

(1) 培訓目標

表 39-1　培訓目標

目標序號	具體目標
1	使項目成員對項目管理有基本的認識和瞭解，培養項目管理人員的管理能力
2	提高項目成員的溝通能力，幫助項目成員瞭解多種溝通方式並學會在不同情況下使用。
3	培養團結一致、密切配合、共同克服困難的團隊精神。
4	提高項目成員的實際操作能力，提高項目研發水準。

(2)培訓人數

培訓人數為項目小組的 20 名成員，包括項目經理、項目組長和項目專員。

(3)培訓內容和課時

培訓內容主要包括管理、組織、溝通、實操及合作五項，培訓課時共 25 課時，培訓期限為 4 天。

表 39-2　培訓內容和課時

序號	項目培訓模塊	模塊內容	項目培訓課時
1	項目管理	1.項目管理方式、方法 2.項目管理知識 3.項目管理技能 4.項目管理案例	5課時
2	項目組織	1.項目組織結構 2.項目組織職責、職權 3.項目組織管理	2課時
3	項目溝通	1.項目溝通方式 2.項目溝通技巧	5課時
4	項目實操	1.項目誤區 2.項目限制 3.項目實操中的問題 4.項目實操案例	8課時
5	項目合作	1.合作精神 2.信任與換位思考	5課時

(4)培訓形式

此次項目培訓採取內部培訓的形式,由公司專門的項目培訓人員實施。培訓的形式主要包括如下 3 種。

①課堂講授

採取課堂講授的方式,使項目組成員快速掌握項目管理知識、項目組織等內容。

②現場模仿

採取現場類比的形式進行項目溝通方式、溝通技巧的培訓。

③案例互動

對公司以前項目研發的成功案例及失敗案例進行分析與研究。

(5)培訓考核

①受訓人員的考核

培訓結束後,培訓部應對受訓人員進行了測試,以瞭解項目組成員對培訓內容的理解程度和掌握程度。所有受訓人員全部參加了培訓考核,其中 18 人通過,2 人未通過,測試通過率為 90%。對於未通過的受訓人員,公司給予其 1 週時間以加強學習。如果 1 週後還是未通過測試,則將會給予其項目小組除名的處分。

②培訓講師的考核

培訓部可以採取調查問卷的形式對培訓講師進行考核。調查問卷的內容主要包括培訓講師的授課方式、授課技巧、授課內容等。所有受訓人員都需填寫調查問卷。調查問卷的統計結果可以顯示出受訓人員對培訓講師的滿意度。

③培訓組織人員的考核

公司主要從培訓工作的組織方面對培訓組織人員進行了考

核。考核主要採取調查問卷的形式進行。調查問卷的統計結果也可以顯示出相關人員對培訓組織工作的滿意度。

3. 項目培訓工作改進

(1) 培訓需求瞭解不夠

此次項目培訓的對像是項目組所有成員。培訓之前，培訓部沒有詳細瞭解項目組成員的培訓需求。這在一定程度上導致了有些項目成員沒學到自己想學的內容，卻重覆學習了自己已經掌握的內容，從而影響了培訓的效果。

(2) 課堂互動性不強

培訓講師的課堂掌控能力較弱，課堂互動性不強，導致了受訓人員的積極性不高、課堂氣氛沉悶，從而影響了培訓效果。

(3) 選準目標，把握培訓內容

在項目培訓之前，培訓部應根據項目特點和項目成員的實際情況，實地瞭解培訓需求並對需求進行劃分，並根據培訓需求選擇培訓內容及設計培訓課程。

(4) 方式靈活，講究實效

以後的項目培訓方式應該更加靈活並講究實效，如可開展項目專題講座、案例交流、優秀項目人員報告等。

(5) 做好培訓前的準備

在項目培訓前要制定項目培訓方案，成立培訓工作小組，建立健全培訓激勵機制。只有切實可行的方案才能確保項目培訓順利完成。

◎培訓部工作的總結案例

1. 培訓背景

某公司是一家大型生產製造企業，目前該公司正處於快速成長階段，公司的人力資源管理和培訓還處於不太完善的階段，尤其是生產、品質、安全等培訓還不能與公司規模相適應。以下是公司培訓部第二季的工作總結。

2. 培訓工作概況

(1)培訓制度建設

在第二季，培訓部新制定了《培訓需求調查管理制度》、《受訓人員選拔制度》，完善並修改了《培訓效果評估制度》、《培訓費用管理制度》、《三級安全教育培訓制度》。通過培訓制度的制定和完善，公司培訓工作更加規範、合理。

(2)培訓計劃的實施

培訓部嚴格按照第二季的工作計劃開展工作，各項工作有條不紊地進行。

(3)培訓人員與項目

公司第二季完成的主要培訓項目共五項，受訓人員共有 500 人，培訓課時達 200 小時。受訓人員的主體為一線基層人員。以下是公司第二季完成的培訓項目。

A.新進員工培訓

公司第二季新進員工 50 人，新進員工主要為一線生產人員，培訓課時達 80 小時。

B.三級安全教育培訓

公司第二季三級安全教育培訓主要針對安全問題進行，培訓人數為 500 人，培訓課時達 100 小時。培訓形式包括講授法、現場演練、師傅帶徒弟等。

C.特殊工種培訓

公司第二季特殊工種培訓人數達 50 人，培訓課時達 80 小時，大大提高了公司特殊工種工作人員的操作水準。

D.品質管理培訓

公司第二季品質管理培訓人數為 450 人，培訓課時達 40 小時。

E.管理溝通培訓

公司第二季管理溝通培訓主要涉及公司基層管理人員，參訓人數達 20 人，培訓課時達 20 小時。

(4)培訓費用分析

公司第二季的培訓費用總額為 42000 元，費用明細如下。

表 39-3　公司第二季培訓費用表

培訓費用項目	內部培訓	外部培訓	培訓資料	其他費用
培訓費用金額(元)	25000	10000	5000	2000

公司第二季的培訓費用總額比本年第一季有所減少，主要原因在於第一季新進人員較多，相應的培訓費用也高一些；公司第二季的培訓費用總額相對於去年同期增加較多，主要原因在於今年第二季培訓費用中的內部培訓費用支出增多。

(5)培訓效果評估

培訓部第二季的培訓工作評估顯示，公司主管對於培訓工作的

滿意度評分為 80 分,員工對於培訓的滿意度評分為 75 分,受訓人員的培訓通過率達到了 85%。公司新進人員接受培訓後的進步明顯,生產品質得以提高,廢品率降低了 2%。

3. 培訓工作改進措施

(1)培訓激勵不到位

公司在第二季很重視培訓,為員工提供了眾多的培訓機會,但卻忽視了培訓的後期監督和人才提拔工作

(2)培訓缺乏有力支持

第二季的培訓出現了由於缺乏支持而導致培訓工作難以開展的情況,這在一定程度上影響了培訓效果,這一問題急需得到解決。

(3)做好培訓預算工作

培訓部要及時、合理地編制培訓預算,並確保培訓預算得到全面執行。除非有突發事件或者臨時變動,否則不能隨意調整培訓預算。

(4)加強培訓激勵

培訓部要採取培訓激勵措施,提高受訓人員的工作積極性,將培訓和考核聯繫起來,做到獎懲有據、賞罰分明。不僅要對受訓人員進行培訓激勵,還要對內部講師進行激勵,做到二者結合,以使培訓達到理想的效果。

(5)加強培訓溝通,拓展培訓管道

加強與各部門的溝通、聯繫,取得中層管理人員的支持和基層人員的理解。拓寬培訓管道,根據部門的需要,有針對性地舉辦各類培訓班。

4.下季工作安排

(1)繼續做好培訓制度建設和完善工作，重點是制定《培訓人員激勵制度》。

(2)嚴格控制第三季的培訓費用，降低培訓耗費，提高培訓效率。

(3)做好培訓講師的培訓和考核工作，重點加強對內部講師的培訓。

◎年度培訓工作的總結案例

1.培訓對象及培訓課程

(1)培訓對象

2010 年，公司培訓人數達 394 人，全公司培訓率達到 96.18%。公司的人才密度也有了較大程度的提高，從原來的 51.54%上升到現在的 82.16%，同時高技能人才比例也達到了 88.7%。

公司培訓對象覆蓋範圍廣，包括了財務人員、行銷人員、品質人員、採購人員、新入職員工等。

(2)培訓課程

2010 年的培訓課程主要集中在以下 6 類：

A.員工必修類

員工必修類培訓包括企業文化、職業道德規範、管理制度等。

B.員工基礎類

員工基礎類培訓包括安全培訓課程、三級體系培訓課程、品質管理培訓課程等。

C.重點培養類

重點培養類包括財務管理課程、行銷管理課程、行銷人員技能課程等。

D.技能提升類

技能提升類包括領導力課程、執行力課程、創新管理類課程、成功經理人講座等課程。

E.資格認證類

資格認證類包括特種作業人員資格認證培訓、註冊會計師培訓等。

F.新員工崗前培訓

新員工崗前培訓包括公司介紹、公司禮儀培訓課程等。

2.培訓費用

(1)培訓費用總額

2010 年培訓費用總計為 610000 元，比 2009 年增長了 7%。其中內部培訓和會議費用分別降低了 42.85%和 50%，外部培訓費用較 2009 年增長了 50%。公司 2010 年的培訓費用相對於 2009 年變動不大，體現了公司培訓政策的統一、穩定。

表 39-4　2010 年和 2009 年培訓費用比較表

年 費用項目	2010 年			2009 年		
	內部培訓	外部培訓	培訓會議	內部培訓	外部培訓	培訓會議
費用金額(元)	200000	400000	10000	350000	200000	20000
合計	600000	10000	550000	20000		
	610000	570000				

⑵培訓費用分析

①不同培訓形式的費用分配比例

66.7%的費用用來實施外部培訓，其中外部研修佔 59%，外出參訓佔 7.7%；33.3%的費用用來實施內部培訓，其中崗前培訓費用佔 10%，在崗（包括外請內訓）培訓佔 20%，書報資料採購費用佔 3.3%。由此可見，公司 2010 年外部培訓費用較高。

②公司各部門培訓費用投入比例

表 39-5　各部門培訓費用投入比例

部門名稱	銷售部	財務部	品質部	研發部	其他部門
投入比例	20%	20%	40%	10%	10%

由上表可以看出，2010 年公司對於品質部的培訓工作投入很大，這主要是由於過去幾年公司生產品質一直難以實現平穩的提高，且 2010 年為公司的生產品質提高年；同時，公司針對財務人員的培訓投入較 2009 年也有很大提高，這主要是為了滿足公司加強內控管理的需要。

3.培訓工作分析

①培訓水準提高

2010 年的培訓工作與 2009 年相比，培訓項目數、舉辦培訓課程的次數、接受訓練的人次等均取得了一定的增長，培訓水準也有所提高。這在一定程度上增強了公司人員的素質，提高了公司人員的業務水準。

②培訓針對性強，與業務需求掛鉤

公司培訓已經走過了「以課程為中心」的階段，轉向了「以需

求為中心」階段。培訓的目的是服務於公司的戰略，滿足業務部門的需求。例如，基於財務部門的培訓需求開展了註冊會計師培訓、企業內控管理等課程。

③全面改進培訓管理體系

2010 年，公司在總結以往培訓經驗的基礎上，投入大量精力優化培訓管理流程，完善培訓管理制度，這才改善了公司以前培訓缺乏系統性、培訓管理力度弱、培訓資金無保證、員工培訓意識差、培訓工作難以開展的狀況。

④全員培訓意識和學習積極性不斷提高

培訓部通過在培訓方式上不斷創新，提高了員工的積極性，在公司範圍內營造了良好的學習氣氛，進一步提高了員工培訓的參與意識。

⑤培訓效果明顯、培訓初現成效

2010 年,公司通過了 ISO9001 品質管理體系認證,引進了品質管理體系，公司的產品品質較以前有了較大的提高。

同時，公司財務人員工作能力得到了提高，其中 2 人通過了註冊會計師考試，為公司實現良好的財務管理打下了基礎，企業內控得到加強，公司管理更加規範。

4.培訓改進的措施

(1)培訓需求分析不到位

培訓需求分析是培訓過程中的第一個環節，也是最重要的一個環節。當前公司對培訓需求的分析僅限於匯總培訓申請表或培訓需求問卷，這使得培訓針對性不強、系統性差、目標不明確。

(2)培訓管理體系不完善

目前公司培訓帶有較強的隨意性，公司在培訓計劃、培訓實施、培訓考核、培訓總結上沒有形成一套完整的管理體系，管理水準較低。例如，內訓及外訓安排比較混亂；培訓缺少支持一直無法實施；培訓定位較為模糊等。

(3)培訓人員、培訓費用分佈不均

有些員工培訓過於頻繁，有些員工則反映得不到應有的培訓；有的部門培訓費用很高，有的部門培訓費用很低。

(4)內部培訓講師培訓水準有待提高

內部講師授課技巧不高，課件水準製作不足，自主研發課程能力不夠，公司急需加強內部講師的培訓。

(5)建立培訓體系，出台各項政策明確培訓導向

搭建培訓體系框架，出台培訓管理制度、內部講師管理制度、人才培養計劃等系列文件，使培訓管理做到有章可循，從而激發全體員工學習的積極性，提升管理技能和業務技能。

(6)重點建立培訓考核制度，加強培訓考核

建立公司培訓考核制度，通過考核瞭解公司是否達到了培訓目標，為實施培訓改進提供依據。考核評估的對象分為績效評估和責任評估兩項。績效評估以培訓成果為對象進行評估，培訓成果包括受訓人員的學習成果和其培訓完畢後在本崗位上做出的貢獻；責任評估是以培訓管理部門和培訓管理人員為對象的評估。

(7)準確把握培訓需求，實施重點課程

合理、準確地把握公司層面、部門層面、人員層面的培訓需求，使培訓具有針對性。根據公司年目標，結合各部門上報的需求和各

部門的實際情況,合理安排培訓費用和培訓人員,達到費用和人員的均衡。同時還應突出培訓重點,如加強銷售人員的培訓、品質項目的培訓等,做到均衡中有重點。

⑻制訂系統的培訓計劃

系統的培訓計劃是根據公司戰略目標,在全面、客觀地發掘培訓需求的基礎上制訂的。系統的培訓計劃應對培訓的時間、地點、對象、方式、內容等做出系統的安排。培訓計劃為公司培訓工作指明了方向,確定了培訓工作的目標。

⑼建立內部講師隊伍,實施知識管理

實施內部講師培訓課程,對公司內部講師進行認證。內部講師經考核合格後頒發證書,並取得授課資格,享受相應的待遇。

心得欄

40

培訓考核的執行工具

◎授課場地評定表

課程名稱		授課形式	
課程時長		學員人數	
評定實施			
評定項目	評定得分（在相應的方框內畫「√」，分數越高，評價越好）		
場地位置	□5分　□4分　□3分　□2分　□1分		
交通狀況	□5分　□4分　□3分　□2分　□1分		
週邊環境	□5分　□4分　□3分　□2分　□1分		
噪音和採光	□5分　□4分　□3分　□2分　□1分		
場地佈置（座位安排）	□5分　□4分　□3分　□2分　□1分		
場地配套（休息室、衛生間）	□5分　□4分　□3分　□2分　□1分		
總得分			
是否符合培訓要求	□是　　　□否		
備註	得分越高，說明越符合培訓課程要求		

◎現場評估分析表

課程名稱		課程時間	
培訓講師		培訓方式	
學員人數		培訓地點	

評估項目			

項目		評估標準	備註
現場環境	交通便利	□是　　□否	
	座位安排合理	□是　　□否	
	噪音小，光線柔和	□是　　□否	
現場氣氛	培訓講師控場能力強	□是　　□否	
	氣氛活躍，學員參與度高	□是　　□否	
	無學員提早退場和離開現象	□是　　□否	
	無交頭接耳和隨意接打電話現象	□是　　□否	
	秩序井然，無擾亂授課秩序行為	□是　　□否	
現場服務	指路標識清晰	□是　　□否	
	茶水服務週到	□是　　□否	
	授課設備配置齊全，功能完善	□是　　□否	
	冷氣機系統運轉正常	□是　　□否	

◎講師授課意見表

課程名稱		課程時間	
培訓講師		培訓方式	
學員人數		培訓地點	

講師授課意見			
項目	評分（請在1～7分中選擇評價分數，分數越高，評價越高）		
授課內容	課程內容重點突出、繁簡得當		
	課程內容具有針對性和實用性		
	課程單元設計符合培訓形式要求		
	課程內容授課時間分配合理恰當		
授課技巧	溝通技巧的掌握程度		
	有效激發學員參與的積極性		
	授課進度緊湊、完整、適宜		
	有效應對授課過程中的突發事件，控場能力強		
授課材料	PPT課件色彩搭配合理，設計美觀		
	學員手冊重點突出、容易閱讀		
	教材選用難易得當，實用性強		
授課設備	授課設備(投影儀、電腦)等使用熟練		
著裝風貌	著裝整潔，符合授課要求		
	尊重學員，認真傾聽學員問題		
	舉止大方、衣著得體		
	有風度，具有親和力和感染力		
	充滿自信，融入角色，投入情感		

◎學員回饋意見表

課程名稱		課程時間	
培訓講師		培訓方式	

一、學員基本情況

姓名		工作崗位	
聯繫電話		工作年限	

二、學員回饋意見(在相應選項下的表格內畫「√」)

項目		很滿意 (5分)	滿意 (4分)	一般 (3分)	不滿意 (2分)	極不滿意(1分)
課程內容	課程目標的明確、可量化					
	課程內容與需求的匹配度					
	課程內容編排的合理性					
	理論知識講解淺顯易懂					
	案例互動環節生動有趣					
	課程內容的新穎性和啟發性					
關於講師	對課程內容的駕馭程度					
	溝通技巧的掌握程度					
	儀表儀容整潔得當					
	激發學員興趣的程度					
	課程時間的掌控程度					
	培訓工具運用熟練程度					
關於培訓組織	培訓時間安排的合理性					
	現場服務水準					
	培訓材料和通知下發的及時性					
	培訓輔助工具和材料的準備情況					

三、本次培訓中您感到最受益匪淺的內容

四、您對課程不滿意的地方有那些

五、其他建議

41

內部講師的管理

◎內部講師管理辦法

1. 內部講師管理辦法規範的內容

內部講師管理辦法的目的是規範組織內部講師的管理工作，積極培養內部講師隊伍，發揮其在組織培訓體系中的核心作用。內部講師管理辦法規範的內容：

管理職責。明確組織內部講師的歸口管理部門以及內部講師的工作職責；

講師定級。為了激發組織內部講師的工作熱情和積極性，應定期對內部講師進行等級評價；

講師獎勵。內部講師除了獲得一定的授課費用外，還享受帶薪調休、一定金額的書費報銷及優先培訓等激勵；

講師考核。確定考核主體以及考核形式，明確內部講師的考核週期以及考核方法；

講師培養：明確組織內部講師的培養方式以及需要的深層次培訓課程。

2. 內部講師管理辦法的範例
第 1 章　　總則

第 1 條　目的

為構建公司內部講師培訓隊伍，實現內部講師管理的正規化，幫助員工改善工作並提高績效，有效傳承公司相關技術和企業文化，特制定本辦法。

第 2 條　適用範圍

本辦法適用於公司各部門。

第 2 章　　管理職責

第 3 條　人力資源部為內部講師的歸口管理部門，負責講師的等級聘用、評審、制訂課程計劃及日常管理。

第 4 條　各部門培訓負責人協助人力資源部管理內部講師，積極開展內部授課。各部門應積極協助與支援內部講師的授課管理與培養工作。

第 5 條　內部講師的工作職責

1. 參與課程的前期培訓需求調研，明確員工的培訓需求，向人力資源部提供準確的員工培訓需求資料。

2. 開發設計所授課程，如培訓標準教材、案例、授課 PPT、試卷及答案等，並定期改進。

3. 在人力資源部的安排下落實培訓計劃，講授培訓課程。

4. 負責培訓後閱卷、後期跟進工作，以達到預定的培訓效果。

5. 負責參與公司年培訓效果工作總結，對培訓方法、課程內容等提出改進建議，協助人力資源部完善內部培訓體系。

6. 積極學習，努力提高自身文化素質和綜合能力。

第 3 章　講師等級評定

第 6 條　內部講師分為 4 個級別，從助理講師開始逐步升級，升級需要通過內部講師資格評審。

第 7 條　內部講師的 4 個級別的評級標準如下所示。

內部講師評級標準表

級別	標準	授課任務
助理講師	符合候選人標準，並取得內部講師資格證書	無要求
初級講師	具備助理講師資格，累計授課達到20課時	授課任務20課時/年
中級講師	具備初級講師資格，累計授課達到50課時	授課任務30課時/年
高級講師	具備中級講師資格，累計授課達到80課時	授課任務30課時/年

第 4 章　講師獎勵

第 8 條　授課津貼獎勵

1.內部講師的授課津貼標準如下所示。

內部講師授課津貼標準表

級別	津貼標準	
	工作時間	業餘時間
助理講師	15元/課時	20元/課時
初級講師	25元/課時	35元/課時
中級講師	60元/課時	80元/課時
高級講師	200元/課時	300元/課時
說明	授課津貼＝津貼標準×課時×授課滿意度係數；授課滿意度在60分以下者，不享受授課津貼	

2.只有經人力資源部統一安排並考核合格的課程才給予授課

津貼，津貼以現金形式發放，發放時間為課程後期跟蹤、總結完成後 1 個月內。

3.不屬於發放授課津貼的情況主要包括以下 4 種。

(1)各類部門會議、活動。

(2)公司管理層、部門經理等對下屬部門及本部門人員開展的例行的分享、交流、培訓等。

(3)試講以及其他非正式授課。

(4)工作職責內要求的授課。

4.對於無法界定是否發放講師授課津貼的課程，統一由公司人力資源部最後界定。

5.各部門將授課津貼統一申報至人力資源部，由人力資源部覆核報總經理審批後發放。

第 9 條　擔任講師期間，可獲得每年 3000 元的書報費，年底持憑證報銷。

第 10 條　講師具有優先參加所提供課程相關領域的外部培訓機會。

第 11 條　講師授課的業績作為本人年業績考核和晉升的參考標準，同等條件下，薪資調整、評優活動、升職等優先考慮內部講師。

第 12 條　按照公司配備手提電腦的相關規定，初級以上的講師經公司人力資源部提名、總經理批准後，可以配置筆記本電腦一台。

第 13 條　因授課需要而發生的費用需提前經公司人力資源部審批後購買，具體內容如下所示。

1.道具、小禮品等未使用完的物品,由公司行政部保管,下次備用。

2.課程需要的書籍、講義及教案等課程教材,所有權歸公司。

3.交通住宿費用按公司出差規定執行。

第 5 章　講師培養

第 14 條　人力資源部將不斷發放大量的培訓資料、學習資料給內部講師。

第 15 條　公司內部講師必須接受專職講師的「培訓培訓師」的課程培訓,人力資源部負責根據內部講師的發展情況篩選接受培訓的講師名單。

第 16 條　所有接受「培訓培訓師」課程的內部講師在培訓後必須制訂行動改進計劃,以改進自己在授課當中的不足之處,提高授課水準。

第 17 條　獲得認可的企業培訓師資格證書,經人力資源部確認後,可上調一級(內部講師等級),並由公司報銷其考試及學習費用。

第 18 條　人力資源部將每年一次全體講師的經驗分享與交流,並聘請資深人士或外部專家指導、培訓。

第 6 章　講師考核

第 19 條　根據每次授課的情況,人力資源部和培訓對象對授課品質、教學效果、工作態度、授課技巧、課程內容的熟練程度等進行評價,並及時記錄。

第 20 條　人力資源部參考「內部講師年終評價表」,對講師進行年綜合評定,分數低於 65 分者將被取消講師資格。

第 21 條　每年從講師隊伍中評選出優秀講師,並給予一定物質獎勵和精神獎勵。

◎內部講師評價考核

1. 內部講師評價考核方式
(1)培訓項目考核
受訓學員和培訓部門對培訓項目的效果、教材設計、授課風格、學員收益等進行評估。
(2)年終考核
年終時,人力資源部對講師的考核進行綜合評定,考核結果由人力資源部審核對於考核結果不合格或者受到學員兩次以上重大投訴的講師,將取消其講師資格。
2. 內部講師評價考核依據
對講師的考核依據主要包括學員滿意度和培訓部門評價兩個方面,具體內容有:學員滿意度(學員滿意度是指講師授課結束後,學員通過問卷評價表對其進行的評價);培訓部門評價(培訓部門評價的主要內容包括教學品質、教學效果、工作態度、授課技巧、課程內容的熟練程度等)。

3. 內部講師考核方法

表 41-1　內部講師考核方法一覽表

考核方式	考核內容	考核者	實施者	所用工具	考核時間
培訓項目考核	課程內容的熟練程度、授課技巧、課堂控制等	受訓人員培訓部門	人力資源部	評價問卷、培訓部門評價表	課程結束後一週內進行
年終考核	教學品質、教學效果、工作態度、授課技巧、課程內容開發等	培訓部門	人力資源部	內部講師年終評價表、內部講師年考核表	年終進行

4. 評價考核工具

(1) 學員滿意度評價問卷

表 41-2　學員滿意度的評價問卷

感謝你在百忙中參加本次培訓。為改善和提高培訓效果，請如實填寫下表。

課程名稱		課程時間	
培訓講師		培訓方式	
一、學員基本情況			
姓名		工作崗位	
聯繫電話		工作年限	

續表

二、培訓師評估項目（在相應選項下的表格內畫對號）					
評估項目	很滿意 （5分）	滿意 （4分）	一般 （3分）	不滿意 （2分）	極不滿意 （1分）
授課態度					
培訓課程講義的展示					
對課程重點內容的把握程度和 對總體內容的駕馭程度					
溝通技巧的掌握程度					
儀表儀容整潔得當					
激發學員興趣的程度					
對課程時間的掌控程度					
培訓工具運用熟練程度					

三、本次培訓中，培訓師給您留下的印象最深刻的地方：

四、您覺得培訓師還有那些有待改進的地方：

五、其他建議：

(2)培訓部門評價表

表 41-3　培訓部門評價參考樣表

培訓方向			培訓師				
評估項目	項目細化	基本要素	評分標準				
			5分 (非常好)	4分 (很好)	3分 (好)	2分 (一般)	1分 (差)
課程內容 開發 (40分)	能夠結合企業實際自主開發課，對工作有幫助和指導	課程結構					
		課程案例選取					
		故事、遊戲的開發					
		課程互動環節					
		對工作的指導性					
		對學員的啟發性					
		內容的深度和廣度					
		內容的創新性					
課程講授 方法 (20分)	能夠根據課程內容選取適當的教學方法，從而使培訓效果最大化	講授法的效果					
		討論法的效果					
		角色扮演法的效果					
		情景模仿法的效果					
課程講授 效果 (40分)	能夠根據課程內容和學員情況掌控課堂氣氛，達到最優的授課效果	課程PPT製作					
		培訓師儀表、素質					
		培訓語言運用					
		課堂氣氛掌控					
		講授時間掌控					
		肢體語言使用					
		提問及多種技巧使用					
		互動效果					
合計得分							

(3)內部講師年終評價表

表 41-4　內部講師年終評價表樣例

個人信息					
姓名		性別		所在部門	
崗位		學歷		擔任課程名稱	
評價內容					
授課 完成率	計劃授課時間		完成率＝實際授課時間÷計劃授課時間 ×100%		
	實際授課時間				
課程 改善	課程改善目標				
	課程改善完成				
	課程改善評價	□非常好　□比較好　□一般　□較差　□極差			
學員 滿意度評 價	授課時間		滿意度評價		綜合滿意度
	授課時間		滿意度評價		
	授課時間		滿意度評價		
評語					

⑷內部講師年終考核表

表 41-5　內部講師年終考核表樣例

基本情況（講師填寫）					
姓名		學歷		專業	
所在部門		崗位		職稱	
講師資格		聘用時間			
教授課程	目前				
	意向				
年度總結					
培訓績效記錄					
序號	培訓項目		培訓時間	培訓對象	平均成績
	（講師填寫）				（人力資源部填寫）
1					
2					
3					
4					
年度總體評價	評語				
	獎勵				
人力資源部經理意見			人力資源總監意見		

臺灣的核心競爭力，就在這裏！

圖書出版目錄

下列圖書是由憲業企管顧問（集團）公司所出版，以專業立場，為企業界提供最專業的各種經營管理類圖書。

1. 傳播書香社會，直接向本出版社購買，一律 9 折優惠，郵遞費用由本公司負擔。服務電話(02)27622241　(03)9310960　　傳真(03)9310961

2. 付款方式：請將書款轉帳到我公司下列的銀行帳戶。

・銀行名稱：合作金庫銀行（敦南分行）　帳號：**5034-717-347447**

公司名稱：憲業企管顧問有限公司

・郵局劃撥號碼：**18410591**　郵局劃撥戶名：憲業企管顧問公司

3. 圖書出版資料隨時更新，請見網站　**www.bookstore99.com**

───── 經營顧問叢書 ─────

13	營業管理高手（上）	一套	72	傳銷致富	360 元
14	營業管理高手（下）	500 元	73	領導人才培訓遊戲	360 元
16	中國企業大勝敗	360 元	76	如何打造企業贏利模式	360 元
18	聯想電腦風雲錄	360 元	78	財務經理手冊	360 元
19	中國企業大競爭	360 元	79	財務診斷技巧	360 元
21	搶灘中國	360 元	80	內部控制實務	360 元
25	王永慶的經營管理	360 元	81	行銷管理制度化	360 元
26	松下幸之助經營技巧	360 元	82	財務管理制度化	360 元
32	企業併購技巧	360 元	83	人事管理制度化	360 元
33	新產品上市行銷案例	360 元	84	總務管理制度化	360 元
46	營業部門管理手冊	360 元	85	生產管理制度化	360 元
47	營業部門推銷技巧	390 元	86	企劃管理制度化	360 元
52	堅持一定成功	360 元	91	汽車販賣技巧大公開	360 元
56	對準目標	360 元	97	企業收款管理	360 元
58	大客戶行銷戰略	360 元	100	幹部決定執行力	360 元
60	寶潔品牌操作手冊	360 元	106	提升領導力培訓遊戲	360 元

112	員工招聘技巧	360 元		184	找方法解決問題	360 元
113	員工績效考核技巧	360 元		185	不景氣時期，如何降低成本	360 元
114	職位分析與工作設計	360 元		186	營業管理疑難雜症與對策	360 元
116	新產品開發與銷售	400 元		187	廠商掌握零售賣場的竅門	360 元
122	熱愛工作	360 元		188	推銷之神傳世技巧	360 元
124	客戶無法拒絕的成交技巧	360 元		189	企業經營案例解析	360 元
125	部門經營計劃工作	360 元		191	豐田汽車管理模式	360 元
129	邁克爾‧波特的戰略智慧	360 元		192	企業執行力（技巧篇）	360 元
130	如何制定企業經營戰略	360 元		193	領導魅力	360 元
132	有效解決問題的溝通技巧	360 元		198	銷售說服技巧	360 元
135	成敗關鍵的談判技巧	360 元		199	促銷工具疑難雜症與對策	360 元
137	生產部門、行銷部門績效考核手冊	360 元		200	如何推動目標管理(第三版)	390 元
				201	網路行銷技巧	360 元
138	管理部門績效考核手冊	360 元		202	企業併購案例精華	360 元
139	行銷機能診斷	360 元		204	客戶服務部工作流程	360 元
140	企業如何節流	360 元		206	如何鞏固客戶（增訂二版）	360 元
141	責任	360 元		208	經濟大崩潰	360 元
142	企業接棒人	360 元		209	鋪貨管理技巧	360 元
144	企業的外包操作管理	360 元		210	商業計劃書撰寫實務	360 元
146	主管階層績效考核手冊	360 元		212	客戶抱怨處理手冊(增訂二版)	360 元
147	六步打造績效考核體系	360 元		214	售後服務處理手冊（增訂三版）	360 元
148	六步打造培訓體系	360 元		215	行銷計劃書的撰寫與執行	360 元
149	展覽會行銷技巧	360 元		216	內部控制實務與案例	360 元
150	企業流程管理技巧	360 元		217	透視財務分析內幕	360 元
152	向西點軍校學管理	360 元		219	總經理如何管理公司	360 元
154	領導你的成功團隊	360 元		222	確保新產品銷售成功	360 元
155	頂尖傳銷術	360 元		223	品牌成功關鍵步驟	360 元
156	傳銷話術的奧妙	360 元		224	客戶服務部門績效量化指標	360 元
160	各部門編制預算工作	360 元		226	商業網站成功密碼	360 元
163	只為成功找方法，不為失敗找藉口	360 元		228	經營分析	360 元
				229	產品經理手冊	360 元
167	網路商店管理手冊	360 元		230	診斷改善你的企業	360 元
168	生氣不如爭氣	360 元		231	經銷商管理手冊(增訂三版)	360 元
170	模仿就能成功	350 元		232	電子郵件成功技巧	360 元
171	行銷部流程規範化管理	360 元		233	喬‧吉拉德銷售成功術	360 元
172	生產部流程規範化管理	360 元		234	銷售通路管理實務〈增訂二版〉	360 元
174	行政部流程規範化管理	360 元				
176	每天進步一點點	350 元		235	求職面試一定成功	360 元
181	速度是贏利關鍵	360 元		236	客戶管理操作實務〈增訂二版〉	360 元
183	如何識別人才	360 元		237	總經理如何領導成功團隊	360 元

238	總經理如何熟悉財務控制	360 元
239	總經理如何靈活調動資金	360 元
240	有趣的生活經濟學	360 元
241	業務員經營轄區市場（增訂二版）	360 元
242	搜索引擎行銷	360 元
243	如何推動利潤中心制度（增訂二版）	360 元
244	經營智慧	360 元
245	企業危機應對實戰技巧	360 元
246	行銷總監工作指引	360 元
247	行銷總監實戰案例	360 元
248	企業戰略執行手冊	360 元
249	大客戶搖錢樹	360 元
250	企業經營計劃〈增訂二版〉	360 元
251	績效考核手冊	360 元
252	營業管理實務（增訂二版）	360 元
253	銷售部門績效考核量化指標	360 元
254	員工招聘操作手冊	360 元
255	總務部門重點工作（增訂二版）	360 元
256	有效溝通技巧	360 元
257	會議手冊	360 元
258	如何處理員工離職問題	360 元
259	提高工作效率	360 元
261	員工招聘性向測試方法	360 元
262	解決問題	360 元
263	微利時代制勝法寶	360 元
264	如何拿到 VC（風險投資）的錢	360 元
265	如何撰寫職位說明書	360 元
267	促銷管理實務〈增訂五版〉	360 元
268	顧客情報管理技巧	360 元
269	如何改善企業組織績效〈增訂二版〉	360 元
270	低調才是大智慧	360 元
272	主管必備的授權技巧	360 元
274	人力資源部流程規範化管理（增訂三版）	360 元
275	主管如何激勵部屬	360 元
276	輕鬆擁有幽默口才	360 元

277	各部門年度計劃工作（增訂二版）	360 元
278	面試主考官工作實務	360 元
279	總經理重點工作（增訂二版）	360 元
282	如何提高市場佔有率（增訂二版）	360 元
283	財務部流程規範化管理（增訂二版）	360 元
284	時間管理手冊	360 元
285	人事經理操作手冊（增訂二版）	360 元
286	贏得競爭優勢的模仿戰略	360 元
287	電話推銷培訓教材（增訂三版）	360 元
288	贏在細節管理（增訂二版）	360 元
289	企業識別系統 CIS（增訂二版）	360 元
290	部門主管手冊（增訂五版）	360 元
291	財務查帳技巧（增訂二版）	360 元
292	商業簡報技巧	360 元
293	業務員疑難雜症與對策（增訂二版）	360 元
294	內部控制規範手冊	360 元
295	哈佛領導力課程	360 元
296	如何診斷企業財務狀況	360 元

《商店叢書》

10	賣場管理	360 元
18	店員推銷技巧	360 元
29	店員工作規範	360 元
30	特許連鎖業經營技巧	360 元
35	商店標準操作流程	360 元
36	商店導購口才專業培訓	360 元
37	速食店操作手冊〈增訂二版〉	360 元
38	網路商店創業手冊〈增訂二版〉	360 元
40	商店診斷實務	360 元
41	店鋪商品管理手冊	360 元
42	店員操作手冊（增訂三版）	360 元
43	如何撰寫連鎖業營運手冊〈增訂二版〉	360 元

14	排除便秘困擾	360 元
15	維生素保健全書	360 元
16	腎臟病患者的治療與保健	360 元
17	肝病患者的治療與保健	360 元
18	糖尿病患者的治療與保健	360 元
19	高血壓患者的治療與保健	360 元
22	給老爸老媽的保健全書	360 元
23	如何降低高血壓	360 元
24	如何治療糖尿病	360 元
25	如何降低膽固醇	360 元
26	人體器官使用說明書	360 元
27	這樣喝水最健康	360 元
28	輕鬆排毒方法	360 元
29	中醫養生手冊	360 元
30	孕婦手冊	360 元
31	育兒手冊	360 元
32	幾千年的中醫養生方法	360 元
34	糖尿病治療全書	360 元
35	活到 120 歲的飲食方法	360 元
36	7 天克服便秘	360 元
37	為長壽做準備	360 元
39	拒絕三高有方法	360 元
40	一定要懷孕	360 元
41	提高免疫力可抵抗癌症	360 元
42	生男生女有技巧〈增訂三版〉	360 元

《培訓叢書》

11	培訓師的現場培訓技巧	360 元
12	培訓師的演講技巧	360 元
14	解決問題能力的培訓技巧	360 元
15	戶外培訓活動實施技巧	360 元
16	提升團隊精神的培訓遊戲	360 元
17	針對部門主管的培訓遊戲	360 元
18	培訓師手冊	360 元
20	銷售部門培訓遊戲	360 元
21	培訓部門經理操作手冊（增訂三版）	360 元
22	企業培訓活動的破冰遊戲	360 元
23	培訓部門流程規範化管理	360 元
24	領導技巧培訓遊戲	360 元
25	企業培訓遊戲大全(增訂三版)	360 元

26	提升服務品質培訓遊戲	360 元
27	執行能力培訓遊戲	360 元
28	企業如何培訓內部講師	360 元

《傳銷叢書》

4	傳銷致富	360 元
5	傳銷培訓課程	360 元
7	快速建立傳銷團隊	360 元
10	頂尖傳銷術	360 元
11	傳銷話術的奧妙	360 元
12	現在輪到你成功	350 元
13	鑽石傳銷商培訓手冊	350 元
14	傳銷皇帝的激勵技巧	360 元
15	傳銷皇帝的溝通技巧	360 元
17	傳銷領袖	360 元
18	傳銷成功技巧（增訂四版）	360 元
19	傳銷分享會運作範例	360 元

《幼兒培育叢書》

1	如何培育傑出子女	360 元
2	培育財富子女	360 元
3	如何激發孩子的學習潛能	360 元
4	鼓勵孩子	360 元
5	別溺愛孩子	360 元
6	孩子考第一名	360 元
7	父母要如何與孩子溝通	360 元
8	父母要如何培養孩子的好習慣	360 元
9	父母要如何激發孩子學習潛能	360 元
10	如何讓孩子變得堅強自信	360 元

《成功叢書》

1	猶太富翁經商智慧	360 元
2	致富鑽石法則	360 元
3	發現財富密碼	360 元

《企業傳記叢書》

1	零售巨人沃爾瑪	360 元
2	大型企業失敗啟示錄	360 元
3	企業併購始祖洛克菲勒	360 元
4	透視戴爾經營技巧	360 元
5	亞馬遜網路書店傳奇	360 元
6	動物智慧的企業競爭啟示	320 元
7	CEO 拯救企業	360 元
8	世界首富　宜家王國	360 元

9	航空巨人波音傳奇	360 元
10	傳媒併購大亨	360 元

《智慧叢書》

1	禪的智慧	360 元
2	生活禪	360 元
3	易經的智慧	360 元
4	禪的管理大智慧	360 元
5	改變命運的人生智慧	360 元
6	如何吸取中庸智慧	360 元
7	如何吸取老子智慧	360 元
8	如何吸取易經智慧	360 元
9	經濟大崩潰	360 元
10	有趣的生活經濟學	360 元
11	低調才是大智慧	360 元

《DIY 叢書》

1	居家節約竅門 DIY	360 元
2	愛護汽車 DIY	360 元
3	現代居家風水 DIY	360 元
4	居家收納整理 DIY	360 元
5	廚房竅門 DIY	360 元
6	家庭裝修 DIY	360 元
7	省油大作戰	360 元

《財務管理叢書》

1	如何編制部門年度預算	360 元
2	財務查帳技巧	360 元
3	財務經理手冊	360 元
4	財務診斷技巧	360 元
5	內部控制實務	360 元
6	財務管理制度化	360 元
8	財務部流程規範化管理	360 元
9	如何推動利潤中心制度	360 元

為方便讀者選購，本公司將一部
分上述圖書又加以專門分類如下：

《企業制度叢書》

1	行銷管理制度化	360 元
2	財務管理制度化	360 元
3	人事管理制度化	360 元
4	總務管理制度化	360 元
5	生產管理制度化	360 元
6	企劃管理制度化	360 元

《主管叢書》

1	部門主管手冊（增訂五版）	360 元
2	總經理行動手冊	360 元
4	生產主管操作手冊	380 元
5	店長操作手冊（增訂五版）	360 元
6	財務經理手冊	360 元
7	人事經理操作手冊	360 元
8	行銷總監工作指引	360 元
9	行銷總監實戰案例	360 元

《總經理叢書》

1	總經理如何經營公司(增訂二版)	360 元
2	總經理如何管理公司	360 元
3	總經理如何領導成功團隊	360 元
4	總經理如何熟悉財務控制	360 元
5	總經理如何靈活調動資金	360 元

《人事管理叢書》

1	人事經理操作手冊	360 元
2	員工招聘操作手冊	360 元
3	員工招聘性向測試方法	360 元
4	職位分析與工作設計	360 元
5	總務部門重點工作	360 元
6	如何識別人才	360 元
7	如何處理員工離職問題	360 元
8	人力資源部流程規範化管理（增訂三版）	360 元
9	面試主考官工作實務	360 元
10	主管如何激勵部屬	360 元
11	主管必備的授權技巧	360 元
12	部門主管手冊（增訂五版）	360 元

《理財叢書》

1	巴菲特股票投資忠告	360 元
2	受益一生的投資理財	360 元
3	終身理財計劃	360 元
4	如何投資黃金	360 元
5	巴菲特投資必贏技巧	360 元
6	投資基金賺錢方法	360 元
7	索羅斯的基金投資必贏忠告	360 元
8	巴菲特為何投資比亞迪	360 元

《網路行銷叢書》

1	網路商店創業手冊〈增訂二版〉	360 元
2	網路商店管理手冊	360 元
3	網路行銷技巧	360 元
4	商業網站成功密碼	360 元
5	電子郵件成功技巧	360 元
6	搜索引擎行銷	360 元

《企業計劃叢書》

1	企業經營計劃〈增訂二版〉	360 元
2	各部門年度計劃工作	360 元
3	各部門編制預算工作	360 元
4	經營分析	360 元
5	企業戰略執行手冊	360 元

《經濟叢書》

1	經濟大崩潰	360 元
2	石油戰爭揭秘(即將出版)	

在大陸的………
台灣上班族

　　愈來愈多的台灣上班族，到大陸工作（或出差），對工作的努力與敬業，是台灣上班族的核心競爭力；一個明顯的例子，返台休假期間，台灣上班族都會抽空再買書，設法充實自身專業能力。

　　[憲業企管顧問公司]以專業立場，為企業界提供最專業的各種經營管理類圖書。

　　85%的台灣上班族都曾經有過購買（或閱讀）[憲業企管顧問公司]所出版的各種企管圖書。

　　建議你：工作之餘要多看書，加強競爭力。

建立企業圖書館

當市場競爭激烈時：

培訓員工，強化員工競爭力
是企業最佳對策

「人才」是企業最大的財富。如何提升人才，是企業永續經營、戰勝對手的核心競爭力。積極培訓公司內部員工，是經濟不景氣時期的最佳戰略，而最快速的具體作法，就是「建立企業內部圖書館，鼓勵員工多閱讀、多進修專業書籍」

建議您：請一次購足本公司所出版各種經營管理類圖書，作為貴公司內部員工培訓圖書。 使用率高的（例如「贏在細節管理」），準備 3 本；使用率低的（例如「工廠設備維護手冊」），只買 1 本。

培訓叢書 ㉘　　　　　售價：360 元

企業如何培訓內部講師

西元二〇一四年一月　　　　　初版一刷

編輯指導：黃憲仁

編著：李立群

策劃：麥可國際出版有限公司（新加坡）

編輯：蕭玲

校對：劉飛娟

發行人：黃憲仁

發行所：憲業企管顧問有限公司

電話：（02）2762-2241　　（03）9310960　　0930872873

電子郵件聯絡信箱：huang2838@yahoo.com.tw

銀行 ATM 轉帳：合作金庫銀行　　帳號：5034-717-347447

郵政劃撥：18410591　　憲業企管顧問有限公司

江祖平律師顧問：紙品書、數位書著作權與版權均歸本公司所有

登記證：行政業新聞局版台業字第 6380 號

本公司徵求海外版權出版代理商（0930872873）

本圖書是由憲業企管顧問（集團）公司所出版，以專業立場，為企業界提供最專業的各種經營管理類圖書。

圖書編號 ISBN：978-986-6084-86-7